U0391621

化腐为奇

从元素周期表到纳米技术，化学趣史

〔英〕安妮·鲁尼／著

程肖雪　张灿灿／译

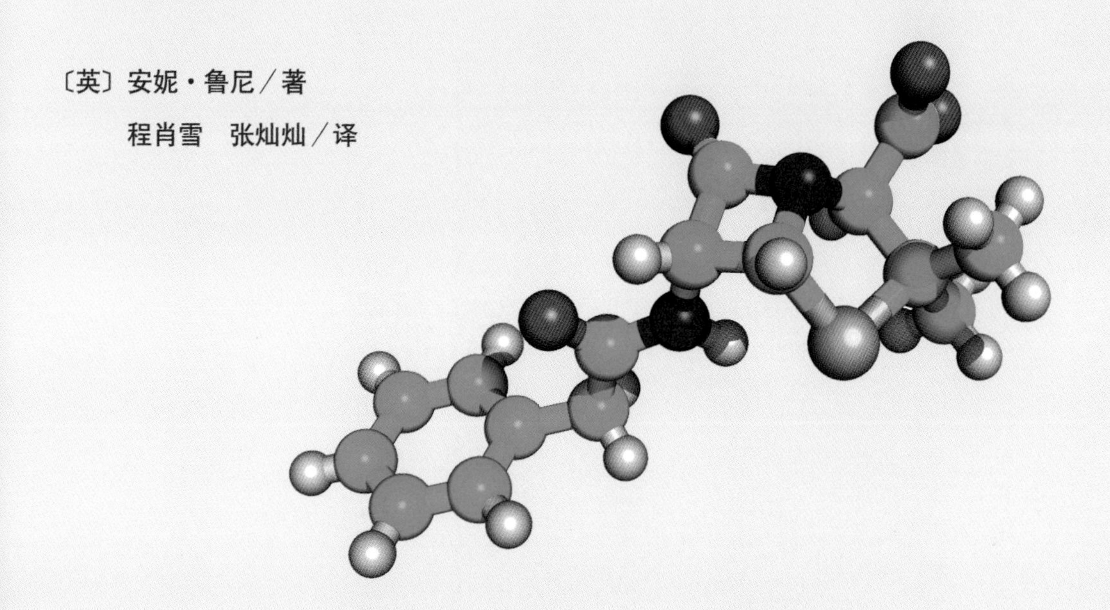

中国妇女出版社

图书在版编目（CIP）数据

化腐为奇：从元素周期表到纳米技术，化学趣史 /（英）安妮·鲁尼著；程肖雪，张灿灿译．-- 北京：中国妇女出版社，2019.7

书名原文：The Story of Chemistry

ISBN 978-7-5127-1724-4

Ⅰ.①化… Ⅱ.①安… ②程… ③张… Ⅲ.①化学史-世界-普及读物 Ⅳ.①O6-091

中国版本图书馆CIP数据核字（2019）第054682号

Original Title: The Story of Chemistry
Copyright © Arcturus Holdings Limited
www.arcturuspublishing.com
The simplified Chinese translation rights arranged through Rightol Media
(本书中文简体版权经由锐拓传媒取得 Email: copyright@rightol.com，归中国妇女出版社有限公司所有)
著作权合同登记号 图字：01-2019-0897

化腐为奇——从元素周期表到纳米技术，化学趣史

作　　者：〔英〕安妮·鲁尼 著 程肖雪 张灿灿 译
责任编辑：王 琳
封面设计：季晨设计工作室
责任印制：王卫东
出版发行：中国妇女出版社
地　　址：北京市东城区史家胡同甲24号　　邮政编码：100010
电　　话：（010）65133160（发行部）　　65133161（邮购）
网　　址：www.womenbooks.cn
法律顾问：北京市道可特律师事务所
经　　销：各地新华书店
印　　刷：北京中科印刷有限公司
开　　本：170×240 1/16
印　　张：15.5
字　　数：300千字
版　　次：2019年7月第1版
印　　次：2019年7月第1次
书　　号：ISBN 978-7-5127-1724-4
定　　价：69.80元

版权所有·侵权必究　（如有印装错误，请与发行部联系）

前言：世界上的材料

化学是有关材料不断变化的研究。

——奥古斯特·凯库勒[1]，1861

化学和魔术在某些程度上似乎很像。二者都通过看不见的方式，完成了物体的转变。虽然化学不能将王子变成青蛙，但它能解释食物、空气和水这些物质进入青蛙或者王子体内是如何转变的。利用化学，人们可以制造各种物质，能够让食物

钠和水发生神奇的爆炸反应。大部分人过去曾认为所有金属和地球上大多数常见液体接触产生的现象是一样的，而钠和水的现象与他们的想法矛盾。

中世纪清真寺瓦片的亮蓝色是由氧化钴产生的。

产生毒性或尝起来更美味，还可以从表面看来什么都没有的状态下生成水晶。在火中，化学过程伴随着各种色彩的火焰；在液体中，化学过程产生颜色的变化，使金属像液体那样滑动或者直接引燃。可以说，1000多年来，人们对化学充满了疑惑，引发了各种想象。

化学研究的是材料—物质——它们构成了物质世界。化学解释了物质是如何相互反应、为何相互反应，并按照实际发生的那样变化的。在人们了解关于大部分物质的属性之前（这些属性每天都在不断被人类发掘），有关于化学的故事就早早开始了。我们的祖先收集和利用他们自认为是化学的知识，而不是把化学套入任何现有的解释或理论当中。祖先们发现土壤中的某些材料能使釉料发蓝，用某些方式提炼的铁经过一定处理后变得更加坚硬。但这些都不是通过理性的解释得来的，而是通过实践总结出来的。化学知识在工匠的传承中逐渐积累，因其有用性而得以流传。

元素和粒子

科学的发源地，包括化学，通常都是2500多年前的希腊。在那里，人们开始试着解释超越当时认知水平而无法理解的自然现象。作为最初的化学家，他们开始通过哲学去解释物质世界的运行。尽管他们的观点与我们现如今的观点相差甚远，也有悖于大部分模型，不过这些观点中包含了一种启发——物质是由元素构成的，并可以分解成很多小粒子。

希腊为世界留下了关于元素和粒子的概念，并提供了一种不成熟的科学思考模式，比稳固发展的现代化学早了2000多年。在此期间，化学还是一种炼金术，寻找能将一些基础金属转化成金子的方式，或是能让人长生不老的神秘药剂。从表面上来看，炼金术不是魔法，它确实从扎实的化学知识中得来，但对这一过程的解释却误入歧途。不可避免的是，就逻辑而言，炼金术是一种错误的概念。

药剂学

即便在17—18世纪科学革命开始，“真正的”化学出现的时候，许多清醒的科学家仍在研究炼金术。他们发现炼金术研究和更主流的研究并无冲突。这种化学和炼金术混合的研究最初被称为药剂学。直到原子模型、元素和分子键的出现，炼金术和化学才分道扬镳。炼金术最核心的猜想不再站得住脚。在科学精神的影响下，炼金术土崩瓦解。

化学的发展史其实是一个逐梦的过程——我们逐渐理解并精通周围的物质世界。虽然这个故事有个错误的开始，但若不谈整体，细节依旧是进步的。虽然药剂师和炼金士的理论框架是极其荒谬的，但在发现材料之间如何变化、产生新的有用

炼金术士的活动主要为尝试把贱金属变成金银。正如隆吉创作的这幅画所显示的，在1757年，健康和安全管理是十分松懈的。

的化学复合物以及开发技术和设备方面，药剂师和炼金士都做出了巨大的贡献，甚至许多技术和设备直到今天还在使用。

核心角色

从18世纪开始，沿着化学家正确的研究路线，化学的发展进程不断加速。化学进入了现代模式，即元素的原子之间结合并形成化学键。在那段时期，化学、生物和物理之间的联系变得清晰。现在，化学在很多科学理论中占据了中心地位。化学家已经揭开了物质的神秘面纱，可以解释和预测加热、化合、提炼等过程，以及化学材料在这个世界所引发的变化过程。那些祖先们困惑已久的问题现在基本都得到了解释。

现代化学仍旧关于物质间的转换，但更注重过程解释。它致力于串联并服务于多个学科。化学向我们揭示了自然世界和我们人体是如何运行的，给我们提供制作新材料的工具，满足我们的需求，而在自然条件下这些都无法发生。化学也会带给我们可怕的浩劫，所以我们有责任理智地应用化学。

目　录

第一章　前化学时代

第二章　精神层面的科学

第三章　黄金和黄金时代

第四章　从炼金术到化学

第五章　虚无的空气

第六章　原子、元素与亲和力

第七章　生命之键

第八章　分析化学

第九章　制造物质

第一章

前化学时代

科学中最有价值的服务是古人找出支离破碎的真相并将它们发展下去。

——约翰·沃尔夫冈·冯·歌德[2]，

1749—1832

作为人类，我们最大的特点就是可以运用自然界中发现的材料。从史前开始，我们就会用颜料、工具、粮食、陶器、砖瓦、药品、香水和珠宝，将我们周围的物质变为新的物理和化学形式。在“化学”这个概念成为科学之前很久，我们就已经开始做这样的事情了。

1000多年来，制药对于化学的发展来讲是一个重要的驱动因素。左图描述的是13世纪波斯制药师正在工作。

图中显示的是，2500—4000年以前，泰国新石器时期的人类用亮红色颜料绘制的山洞壁画。

化学之前的探索

当我们最早的祖先发现火种能量的变化，以及地表矿石和植物可以用来做颜料和药物时，人类就已经开始了前化学时代的探索。这些探索毫无疑问是随机和偶然的。他们发现一些物质有用，而另一些则相反，可能其中还有一些相当危险。

人们一开始弄不清楚各个物质及其特性，他们以某种方式发掘自然环境中的财富，这种方式能让他们发现物质新的特性。这就是化学的精髓：发现物质转变的方法并运用这些方法获取效益。很容易想象，在火开始被应用后，那些旧石器时代的祖先会用棍子捅捅火，然后用烧黑的那端在石头上做标记，或者用火将多汁的、不易嚼烂、富含纤维的肉烤得容易咀嚼，并且有了不同的风味。也许染料和颜料是在无意间被发现的，可能就是将植物压扁后遗留下了污渍。但毫无疑问，这些偶然事故不能给任何事情带来启示。富含好奇心的人们加热土块提取金属，或从他们脚下的土地中弄出黏土塑造成有用的形状，可以说他们就是最初的化学家。他们不知道或不需要知道物质是如何转变的，或物质的特性为什么发生改变。他们简单的探索和开发，却成为人类文化和文明的精粹。

颜色中的化学

很久很久以前，人们开始在自己居住的山洞壁上绘画，装扮他们的居住环境。最早使用颜料的证据位于南非的布隆波斯山洞，距今已有7万～10万年的历史。考古学家在那里发现绘画的两种原料——赭石和动物骨头，原始的艺术家将二者摩擦，可以轻易地制造出颜料。赭石是种天然矿石，由硅和黏土组成。还有一种叫针铁矿的矿石富含铁，可以画出黄色到黄棕色的颜色。其他史前颜料，比如碳（烧过的木头或骨头）可以画出黑色，白垩（方解石，碳酸钙）可以画出白色，以及矿物颜料包括棕土（铁和锰的天然混合物）可以画出棕色和奶油色。有时，从黏土中获得的矿物颜料可以像蜡笔那样直接在物体表面绘画。另外，颜料和水、植物汁液、尿液、动物脂肪、蛋白质或其他会蒸发和凝固的载体混合后，也会被用于在墙上绘画。人类最早使用矿石似乎就是为了提取矿物质颜料，在山洞洞壁绘画或用于人体装饰。为此，人们甚至可以走很远去收集这些矿石。

漂染衣服或装扮人体的颜料一般是从植物中来的。有些颜料不是永久性的，在水中能冲洗掉，所以人们做了一些实验判断哪些颜料会很快褪色而哪些不会（这些不会轻易褪色的颜料多被用于人体彩绘中）。

从旧石器时代到陶器时代

从旧石器时代开始，也就是大约1万年前，人们开始在一处定居耕种。他们很快制作出陶器，用金属工具干农活，还用加热的方式处理材料，有时还将材料混合以改变它们的特性。

图为法国鲁西荣地区附近的赭石。人类从史前就开始使用赭石，并且从1780年开始用其制备不褪色的染料。

意大利翁布里亚出产的一种矿物颜料——粉末状棕土。

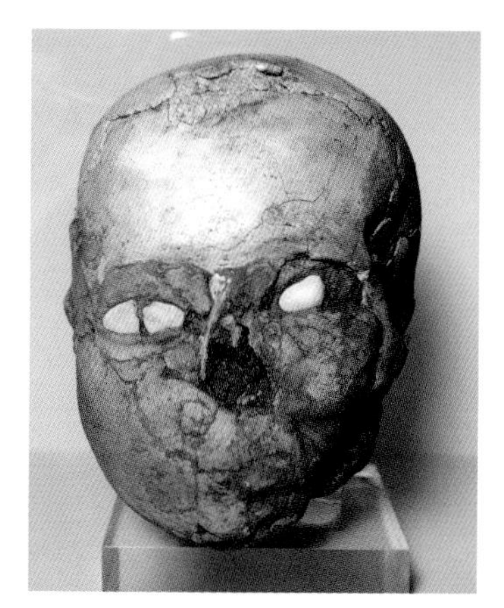

图中这个公元前7000年所塑的头像，所用材料有石膏、颜料和贝壳（眼睛部分）。其出自中东地区，应该是一位受人尊敬的先祖。

釉料中的玻璃

公元前3500年左右，美索不达米亚（现今伊拉克）首次用玻璃作为釉料制备陶器。1000年后，人们开始单独制作玻璃。玻璃主要成分是二氧化硅，后者可以从沙子中大量获取。任何有沙地存在的文明都可以制备玻璃。现实也确实如此，希腊和罗马都做出了精致的玻璃器具。熔化的玻璃可以用模具铸造，而且和矿物质混合后能够生成绚丽的色彩。玻璃不是特别坚固，但特别硬，不易腐蚀和溶解，这些特性使玻璃在化学中具有特殊价值。

铜颜料使埃及彩瓷呈蓝绿色。

烧制陶器的窑最早可以追溯到公元前6000年。彩色的釉于公元前4000—公元前3000年便已经出现，使陶器拥有了永恒的颜色。釉是将矿石和沙土混合，加热烧至熔点后形成的。人们在熔炉中拿出熔化的铜时，偶然发现了釉。铜的化合物在石头和黏土表面能形成明显的蓝色釉。

黏土在太阳下放置干燥或在炉内高温烘烤后，可以用来制备砖块。在这一过程中，黏土通常会掺入稻草，使之变得更坚硬。

金属和采矿业

对于前化学时代的初期活动，几乎没有必要追溯研究。因为人们不是刻意为之，也没有用特殊工具，只是挑选一些植物并将它们碾在一起。获取黏土更加简单，直接用手从河床中搅起即可。给手工制品或陶器绘图和上色通常也很快。后来，人们学会在窑中烧制陶器而不是在阳光下晒干，使这个过程持续的时间变短，

但陶器依然易碎。那些遗留下来的早期陶器都是经过特意保存的，比如墓穴中的陪葬品。

金属工艺比黏土工艺更复杂，可以生成更耐用的物品。用物理方法分离金属并进行塑造，一般需要具备高温条件，而且比较危险。考古学家通过对矿井和熔炼场地的考察，发现了古代金属工艺的一些印迹。

史前，人类便已开始使用6种固体金属：金、银、锡、铜、铅和铁。首先使用的是铜，世界各地都有过用铜器的历史。现今发现的最早的金属工艺是在塞尔维亚，那里有个公元前5500年的熔炼铜遗址。在这之后的1000多年里，铜和其他物质开始混合熔炼，如砷或锡，这种铜合金可以使物体质地更坚硬，用途也更加广泛。合金很快就在工具和武器中广泛使用。合金制品标志石器时代的终结，开启了人类历史的新时期——合金时代。该时代始于公元前5000年的中东、印度和中国。

青铜时代的青铜

第一种青铜是铜和砷的混合物，其很可能是在偶然的情况下合成的。铜和其他金属一般存在于天然矿石（包含金属和矿物质沉积物的岩石）中，有时也和其他元素共存于化合物中。要想得到金属，必须从岩石中将其分离并“还原”（除去氧元素）。也就是说，通过熔炼，包括对矿石的加热，就可以得到金属。金属与空气中的氧气结合，形成烧渣（氧化物），而烧渣

在古代日本，人们在地上挖出一个坑熔炼铜。在坑中用炭将矿石熔化，然后将金属倒入井中。熔炼的过程中，工人会用布蒙住脸，以防有害气体的威胁。

被还原后可以得到金属。通常使用的还原办法是在氧气稀薄的环境中燃烧木炭。当火在一定空间中燃烧一会儿后，大量氧气就会被消耗掉，所以不用做大量实验或拥有任何化学知识就可以完成金属的还原。如果矿石包含铜而没有砷，该过程会先生成铜的氧化物，然后还原出纯净的铜。但如果矿石中也含砷，砷就会和铜一起生成青铜。

砷的熔点（817℃）比铜（1085℃）低，而且容易升华（从固体直接变为气体）。这个过程释放的气体是有毒的。炼金士不能在这些扩散物中呼吸，否则整个过程还没结束就可能被毒死。熔炼的过程中会有一些砷蒸气溶解在熔化的铜中形成青铜。这种偶然生成的青铜就用处而言比单一的铜要好，所以制备这种青铜的矿石会反复被添加到其他铜矿石中，以便制备特定的青铜器。

当时很难有人分离出单独的砷，并重复利用该方法。分离砷需要先熔化含砷的矿石，使砷迅速升华，生成有毒气体。如果气体凝结时结合了其他物质，那么这样得到的砷没有多大用处。砷是一种类金属，既有金属的性质也有非金属的性质。熔化后的砷要么变成灰色粉末，要么生成黑色晶体，这取决于砷冷却的速度。这些问题导致早期炼铜工人无法将砷直接加入熔化的铜中去制备青铜器，只能用砷矿石为原料。

锡合金最早出现于公元前4500年的塞尔维亚。不像砷合金那样，人们并非偶然发现锡和铜混合物的优点，因为同一种矿石很少同时包含此两种物质。所以要先开采矿石，从中分离出铜和锡金属，然后将两种金属熔化并混合，来制备含锡青铜器。一开始，这种青铜器需要不同地区的人通过商贸交易买卖矿石后，再将矿石运到同一地区熔炼，才能制造出来。

铁器时代的铁

出于需要，人们想要更好的耕种工具和武器，由此催生出了冶金工艺。后来，人们学会从矿石中分离和熔化铁，这标志着青铜时代的终结和铁器时代的开始。世

界上不同地区铁器时代开始的时间不尽相同，大约在公元前1200—公元前600年。但早在公元前3200年，北非地区就已经开始使用有韧性的陨铁。

铁在1538℃时才会熔化，熔点比铜的要高，所以熔化铁需要一定的技术才能做到。尽管被称为铁器时代，但人们并不是用纯铁制作工具和武器。纯铁很容易生锈，也不是特别坚硬。铁与碳按照一定比例混合可以制成钢，钢比铁更坚硬、有弹性。钢制武器和工具的出现标志着工业技术巨大的进步。

其他金属

金子与铜几乎是同一时间被人类发现的，而且金可能比铜更早。金在自然界中以纯净块状存在，不需要从矿石中提炼，从地下挖出或从河水中的泥沙中淘出的就是纯金了。金在低温下就能熔化，延展性非常好，因此成为最早使用的金属之一。由于它不会失去光泽，也不与其他物质反应，因而最早用于制作珠宝首饰和装饰品。最古老的金是公元前5000年的保

来自天堂的匕首

当霍华德·卡特于1923年打开已沉睡了1300年的埃及法老的王陵后，考古团队发现了很多惊奇和谜一样的事物。其中有一把铁制匕首藏在国王木乃伊的绷带内。这听起来似乎挺平常，但埃及人生活在合金时代，也就是冶金时期前，而且当地也没有含铁矿物。另外，这把铁制匕首尽管经历了这么长的时间，也没有一点铁锈。2016年，通过X光荧光光谱技术，科学家认为这把匕首中有金属镍存在，从而解开了匕首不生锈之谜。实际上，这把铁制刀片是从外太空而来。当时机智、熟练的冶金师发现了陨铁，用它们铸造出这个刀片。刀片成分与在黑海附近发现的陨铁成分非常相似。墓中还发现了已经有5200年历史的暗黑色金属项链，其与刀片成分类似。埃及人将陨铁称为“天堂来的金属”。

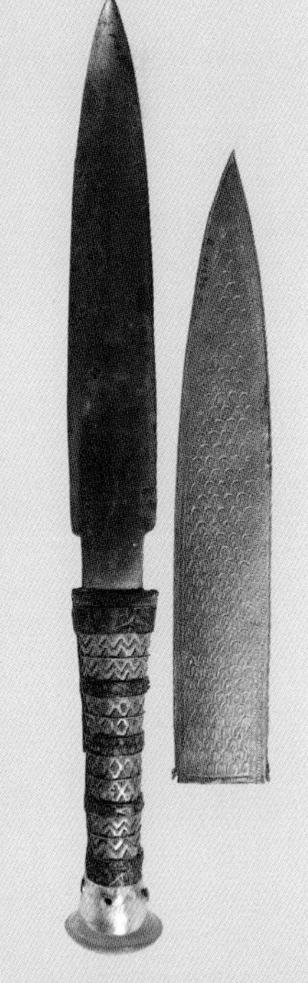

法老墓中发现的铁匕首，刀鞘是金子做的。

伊特拉斯坎人用金带固定人或动物的牙，然后作为义齿套在患者的牙上。

加利亚金。意大利托斯卡纳的居民——伊特拉斯坎人在公元前700—公元前600年还将金用于牙科技术。发现铜和金后不久，银就被发现了。

铅相对来说容易从矿石中提炼出来，本身质地也足够柔软。土耳其出土过一条公元前6500年的铅铸项链，说明人类在那时已经开始使用铅制品。铅很软，可以用来制作工具或武器。在希腊和罗马，铅的重要用途就是制作水管和水罐。铅可能是人类制造的最早的污染物，格陵兰岛的冰核样品显示，在公元前500—公元300年，大气中铅含量有所升高。

公元前2000年之前，人们用锌与铜制作黄铜。公元前1400—公元前1000年，巴勒斯坦地区出现过含锌的青铜制品。特兰西瓦尼亚地区[3]出土了一种锌含量达87%的史前合金。后来，罗马人运用一种技术，从锌矿石中提炼锌和铜的混合物。在13世纪印度，人们从碳酸锌中提炼锌。但直到18世纪40年代，欧洲才开始使用这种技术。

早期生物化学的应用

不仅制作工具和武器时需要用到化学，而且日常家务活也充满化学——有机化学就是由此而来。它涉及各类含碳化合物，特别是构成生命组织的含碳化合物。

日常家务中的化学，如做饭、染布、绘画、鞣制皮革、制药、做肥皂和香水等，都是从一些简单的实验和错误中发展而来的。人们很快就发现哪些染料染色

处理尸体

埃及人以将故去的地位显赫的人制成木乃伊的手艺而闻名。这种保存尸体的方法揭示了人体这种有机体与无机化合物的反应。

制作木乃伊的第一步是将尸体内的器官摘除，然后在体内塞满一种叫泡碱的天然物质，其是一种碳酸氢钠（小苏打）、十水碳酸钠（一种苏打粉末）、氯化钠（食盐）和硫酸钠的混合物。（钠的化学元素符号Na，最初就是来源于“泡碱”这个词的拉丁文形式“natrium”。）泡碱迅速脱去尸体的水分，使脂肪发生皂化（变得像肥皂），阻止人体腐烂。接着，这具干燥的尸体会被填满亚麻布和木屑，还有油以及树胶、桂皮和乳香混合而成的膏剂。这些物质中的一部分会发生抗菌反应，有助于阻止尸体腐烂。最后再将尸体用浸过油和树脂的亚麻布绷带一层层缠紧，以起到防水的作用和抗菌效果，进一步保护尸体。

除了制作木乃伊，其他领域也常常用到泡碱。它可以用来制作一些清洗产品，如肥皂、牙膏、漱口水和伤口的消毒水。还可以用泡碱漂白衣物，处理皮革，做杀虫剂、保存鱼肉的保鲜剂等。泡碱能吸水，所以是非常好的干燥剂，而且它遇水会生成碱，从而阻止细菌滋生。干涸的河床中就可以收集到含泡碱的沉积物。

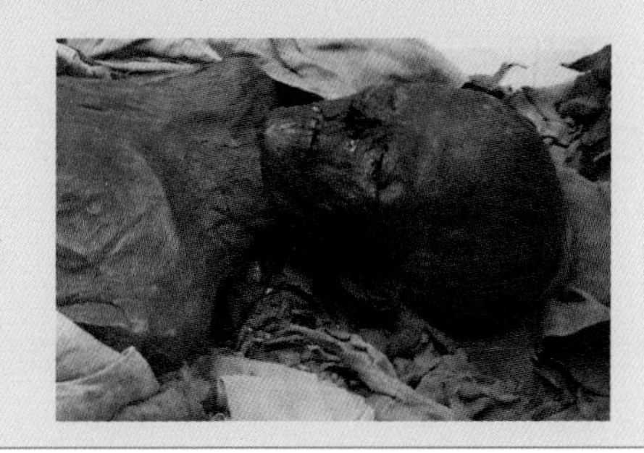

从这具解开了绷带的埃及木乃伊上可以清楚地看出其制作过程中化学发挥的功效。

快，哪些容易掉色，哪些由蜡构成，或者脂肪是做油灯和蜡烛的好材料，易挥发的花、香料及其他物质的味道如何以蜡和油的形式保存。人们每天进行这些操作，通过目不识丁的手工艺者和家庭主妇一代一代口耳相传。这不是科学，而是手艺，甚至仅仅是生活。

现代制作蜡烛时使用的亮色染料。

酿酒时表面产生的泡沫中含有酵母，古代面包师用这些酵母来制作面包。

利用微生物

有机化学过程多数发生在生命组织中。这些过程是产生和利用食物的手段，如植物的光合作用，动物体处理、消化食物。而且，这些过程为生命体提供一切机能活动的能量。其中有两种家庭工序——酿造和烘烤，尤其利用了有机化学，也就是对酵母的活性的利用。

至少5000多年前的埃及人就已经知道了酵母的作用。谷物或水果中的微生物会发生自然的变化，这种看不见的污染物会导致水果汁水发酵，生成酒精。工业上也有类似于异花授粉的过程，即面包师把酿造啤酒时表面生成的泡沫加入面包中，从而引入酵母，使面粉发酵。很快，人们取一部分发酵饮料或生面团，生成一批批成品，所以加入酵母是带动整个过程的助推器（尽管人们根本不知道酵母这种微生物的存在）。酵母作为一种物质，它的反应原理直到19世纪才为人所知。在法国生物学家路易斯 · 巴斯德（见168页）研究酵母之前，这种微生物已经被人类使用了几千年。

化学的开端

我们的祖先大概认为物质，如矿石或泡碱的特性和反应，和烹饪时肉或蛋发生的变化是相同的。这些过程虽属于化学变化，但我们清楚那并不是所谓的“科学”。从某种程度来说，科学的思考是从人们想知道发生了什么和为什么发生开始的。和其他很多事情一样，科学的思考也是从2500年前的希腊开始的。

液体去哪儿了

煮沸液态混合物，如一锅汤，然后去掉一部分水或其他溶剂，该混合物就会被浓缩。厨师自史前就知道这个事实。但当我们蒸发液体，浓缩或蒸干剩余物时，液

该图重现了印度人蒸馏的方法。可以看出这个过程非常简单，液体在密闭的罐子中加热，蒸气顺着管子飘下来，然后在用流水冷却的容器中凝结。

丹砂——硫化汞（正二价[6]），是一种红色的沉积岩。

体去了什么地方？热汤蒸发时，我们可以看到蒸气，但其随即分散到了大气中。希腊哲学家亚里士多德（公元前384—公元前322）写过关于酒产生的可燃“发散物”。这种发散物是易挥发的乙醇。在希腊炎热的太阳下，酒精的挥发过程无疑变得相当容易。

在人们注意到液体蒸发，到发现如何凝结和收集蒸气的过程，只是人类迈出的一小步。在化学中，将液体煮沸并收集冷凝物的过程叫蒸馏。蒸馏可用于多种类型的液体。尽管亚里士多德观察到了酒的发散，但没有证据表明希腊人对酒进行了蒸馏。亚里士多德发现，如果加热并浓缩海水，蒸出的水是可以饮用的。阿弗洛迪西亚的亚历山大在他评述亚里士多德的作品中提到，与他自己同时代的人才开始使用蒸馏技术（公元200年左右）。人们用黄铜水壶煮沸海水，然后让水蒸气在海绵上凝结，从而挤出纯净的水。

人们用蒸馏法分离水银和制备松脂。公元1世纪，狄奥斯科里迪斯[4]和老普林尼[5]记录了这两个过程。水银是从丹砂中提炼的。西班牙开采丹砂，罗马人用它作红色颜料。为了纯化水银，人们把丹砂放在铁容器或铁勺中，在密封的坩埚中加热。之后打开容器，刮下里面凝结的液态水银。人们认为这种人造水银比天然矿井中的高级，尽管二者在化学上是一样的。同样，人们在覆盖一层羊毛的容器中加热松树树脂对其进行精炼，然后通过挤压收集羊毛上浓缩后的松脂。

边做边想

亚里士多德不仅注意到液体蒸发和浓缩的过程，还非常仔细地思考了这个问题。从米利都学派[7]的泰勒斯（公元前624—公元前546）开始，希腊人最早留下了关

于前科学的思考。泰勒斯是依赖自然过程而非超自然来解释现象的第一人。后来，人们开始思考自己工作时所利用的物质为什么会有这些表现。他们开始调查物质的性质和成分，并首次通过哲学而非仅凭经验探索（即观察和实验）来处理问题。这就是化学的起源。

物质和虚无

在考虑物质基本组成之前，有必要想想物质是连续的还是由无数粒子组成的，尽管在古代这个问题似乎很难回答。对于物质的性质，主要有两种对立模型：要么物质是连续的，没有空隙地填充满整个宇宙；要么物质是由粒子构成，存在空白区域。在希腊哲学中，这个问题是一个更大的争论的一部分。这个更大的争论是：要么所有事物是孤立不变的，要么天地万物是在不断变化的。

在公元前5世纪前半叶，希腊哲学家巴门尼德（公元前6世纪末—公元前5世纪中叶）认为所有“存在”都是孤立不变且永远连续的。同时代的德谟克利特和留基伯持反对意见，认为所有物质由带空隙的微小不可见的粒子构成。他们称这种粒子为“原子”或“不可切分的东西”。在他们的观点中，所有物质及其性质，都是由粒子之间相互反应和排列造成的。但亚里士多德反对这个理论模型，因为他不相信有空隙存在，他认为宇宙塞满了连续的物质。直到18世纪，他们的观点才被大众接受，所以奥托·冯·格里克在1657年发明了真空泵时（见94页），人们便用亚里士多德的这个观点反对真空的存在。

基本元素

接下来我们将探讨关于物质的下一个问题：它是由什么构成的？

同样，关于这个问题在希腊也有两个观点阵营。一个观点是所有物质都源于一

个单一原始的基础物质，另一个观点是物质由一些元素混合构成。泰勒斯认同第一个观点，他认为所有物质的根源是水。6世纪另一位米利都学派的哲学家阿那克西美尼认为，所有物质的根源是空气。他观察到水是从空气中凝结而来的，所以认为空气才是本原。空气进一步冷却之后，会变成土壤甚至石头。反过来，空气加热之后就变成了火。阿那克西美尼是第一个将热—冷和湿—干两种成对的性质联系起来的人。按照他的主张，同一物体存在各种各样的形式，从而表露出不同的特性。

> 肯定是存在一些构成万物的自然因素，要么是一种，要么是多种……这种哲学理论的创始人泰勒斯认为是水。
>
> ——亚里士多德，《形而上学》

四种根源元素

出生于西西里岛的希腊哲学家恩培多克勒（公元前490—公元前430）构想出了一个有四种元素的体系，他称这四种元素为“根源”。这个体系在之后的2000年里

基本的元素

所有物质都是由一些基本成分构成的，这种思想流行了上千年，在巴比伦、埃及、中国、日本、印度和希腊等许多文明中都有所体现。而且，这些文明认定的基本元素大体相同。中国的五种基本元素是金属（实际上就是金）、木、水、火和土，印度的是水、火、空气、空间和以太或“空位”。公元前18世纪—公元前16世纪的巴比伦是最早提出土壤、风、火、空气的国家，但这些元素当时没有被当作万物的组成成分，而是由希腊人在这之后提出的。在这些早期解释中，人们往往将元素与精神层面或神灵联系起来，而不完全是物质的物理性质。希腊人认为元素的性质在物理性质上和性能一样重要，而且假定元素的存在形式都是独立的，但事实上元素往往是混杂在一起的。

中国元素从顶部顺时针排列依次是：木、火、土、金和水。

元素与体液

人体一般被认为是反映宇宙宏观的微观世界。在希波克拉底（公元前460—公元前370）提出的模型中，人体受同样的四种属性控制，这四种属性与四种体液有关。它们所对应的希腊四元素分别是：血液对应空气，黏液对应水，黄胆汁对应火，黑胆汁对应土壤。罗马医生盖伦（130—210）将该元素体系发扬光大，设立了一个巨大而复杂的医学模型。作为解释健康和疾病的主要医学模型，体液系统影响了接下来约2000年的人类医学发展。四个元素和体液的对应系统在环境物质和身体物质之间架设了足够的平行，为后来炼金术和医学模型之间的对应关系打下了基础。

成为西方科学的基础。这四种根源是火、空气、水和土壤，它们按不同比例结合生成了万物及其多样的特性。

恩培多克勒的理论与巴门尼德的观点相冲突。巴门尼德认为万物归一，并且不会变化。而恩培多克勒说，物质之所以变化是因为四种根源的比例发生了变化。显然，恩培多克勒保留了巴门尼德理论的其中一个方面，即四种根源本身不会毁灭和发生转换，它们仅仅改变组成，也就是从一种物质中分离出来然后结合成为另一种物质。

四种根源与宏观世界或者地球和宇宙的宏观结构相关。这四种元素中最基础、最核心的是质量最大的成分——土壤。在土壤之上顺次排位是水、空气和火。每种元素在自然界中都占据并趋向于各自的位置，因此火和热空气上升，水降落，途经空气、土壤和岩石。

后来，亚里士多德又增加了一种元素——只存在于天堂、非常稀少的“以太”。他认为这是一种上等物质，存在于远离土、水、空气甚至火的地方。随着化学和物理学2300年的发展，以太已经被科学界抛弃。

元素和性质

四个根源，现在被称为元素，与四种特性相对，即热、冷、干和湿。亚里士多

德给这四种陆地元素分别赋予了两种性质：火是热和干的，空气是热和湿的，水是冷和湿的，土壤是冷和干的。第五种元素——以太，不分担这些特性。它是不变和纯净的，不和其他任何物质组合。

亚里士多德认为，空气和水是流动的，它们的体积是以放入的容器来衡量。火—水、空气—土壤这两对概念是完全对立的，因为完全没有相同的特性。

观察元素及其特性有两种方式。一种是把元素看作有性质（热、冷、湿、干）的物质。每种元素的比例决定了物质的天性。例如，如果一种物质由80%的水和20%的土壤组成，那么这种物质会有更多冷的特性，而且湿多干少，因为特性由两种组成元素决定。

另一种观察元素及其特性的方式比较复杂。火、空气、水和土不是我们看到的元素真实的表现，而是理想化的状况，即它们是四种特性的载体。即便是希腊人

在这个中世纪时绘制的生命之树中，土壤是由水、空气以及最外圈的火包围起来的。

自己也难以理解的这种观察方式，其实还是讲得通的，比如葡萄是通过土壤、水和空气共同生成的。葡萄藤从太阳的热、空气和土壤中获取了某些物质，然后长出葡萄。这种观察方式尽管不科学，但还是有一定意义的。

流传甚广的观点

希腊为化学的发展建立了起点：首先，四种元素组成地球上的万物；其次，还解释了物质的特性。这个理论获得了广泛认可，从受希腊影响的罗马、埃及、伊斯兰文化流传到中世纪欧洲，直到17世纪中叶才被推翻。关于“物质要么是连续的，要么由空间中割裂的粒子组成”这一理论，认可的人很少。认可粒子存在的人普遍认为它们不会比四种元素更少，这便是原子/元素理论的雏形，为化学日后的发展提供了另一种选择。

这些理论为化学的发展奠定了基础。人们开始探索世界上的材料有哪些，它们能做什么，然后给出一些合理的解释，而不是简单观察或用超自然来解释发生的现象。

第二章

精神层面的科学

谁用我们受到诅咒的手工制品诱惑了他？他绝不会满足于已拥有的财富。他展示出所有的黄金和商品将会是他的损失——对此我毫不怀疑。

——杰弗雷·乔叟[8]，《坎特伯雷故事集》，“自由农的故事”，14世纪

现代化学的萌芽来自炼金术。炼金术可以说是一种艺术，将物质材料与深奥难解的精神努力掺杂在一起。在现代人眼中，炼金术更像魔法，但它的本质是在关注物质及其性质的转化，这绝对是我们所熟知的化学迈出的第一步。

在这幅15世纪的木版画上，一位炼金士试图将基础金属变为黄金，一个飘浮在空中魔鬼似的身影正在监视他。

一个值得尊敬的追求

现代科学家都不会尝试通过制作神奇的炼金药，或将铅变为黄金的方式，在学术期刊上发表文章，而成为皇家学会会员。但在17世纪，这种尝试却很普遍。艾萨克·牛顿是最有名的科学家之一，他既是一名炼金士，也是物理学家和数学家。其实，炼金术的“科学”与科学的其他分支并不冲突。究其原因，我们就要回头看看炼金术的起源，好好想想化学是怎么摆脱了炼金术的影响。

炼金术的历史分成四个部分。尽管几乎没有相关记录留存，但它应该起源于公元1世纪希腊-罗马统治时期的埃及。7—11世纪，炼金术在阿拉伯国家蓬勃发展，现在有很多证据都可以证明这一点。后来到16世纪时，随着欧洲人开始翻译和研究阿拉伯和希腊文献，炼金术传播到欧洲，并向医药转型。最终在16—17世纪，人们对科学的兴趣越来越浓厚，展开了一系列科学研究活动，使炼金术在现代化学中逐渐式微。

艾萨克·牛顿建立了现代物理学的基础，
但他同样也在炼金术上花费了很多时间。

炼金术的起源

要想脱离现实世界或翔实的手稿和卷宗来研究炼金术的起源，那么我们恐怕永远都不会得到答案。况且，炼金术的起源颇具神秘色彩。它的传说源自埃及国王托特的“翡翠石板”《翠玉录》。托特就是希腊传说中的赫尔墨斯·特利斯墨吉斯忒斯，即三位一体神。传说，他的统治是在公元前1900年左右。托特智商出众，

乌龙权杖

炼金术的标志是一根权杖，即带有一对翅膀，还有两条蛇围绕其上的手杖。它也是赫尔墨斯·特利斯墨吉斯忒斯的标志。在希腊传说中，赫尔墨斯代表水星，所以节杖也代表水星作为占星符号，而在炼金术中它则代表水银这种金属。

美国人将这个标志作为医疗符号完全源于一个误会，因为它与阿斯克勒庇俄斯（医疗之神）的权杖非常像（后者是权杖上缠着一条蛇，也没有翅膀）。在一名官员的坚持下，赫尔墨斯节杖在1902年被官方认定为美国医疗系统的代表符号。这名官员要是好好了解一下希腊经典神话，就不会弄出这么大的乌龙了。

美国医疗系统的标志，它也是炼金术的符号。

美国军队的军队卫生部徽章用的是更为恰当的阿斯克勒庇俄斯权杖。

> 真的！当然！毫无疑问！
>
> 高级的东西来自低级，低级的东西来自高级，构成了事物的奇妙之处。
>
> 所有东西都来源于太阳父亲和月亮母亲。土壤在她肚子中承载万物，风在她肚子中滋养万物，土壤会变成火。
>
> 用最大的力量将奇妙的土壤变得自由。它从土壤上升到天堂，成为哪些东西是高级哪些东西是低级的标尺。
>
> ——由霍姆亚德翻译的《翠玉录》，1923

技艺超群，精通自然世界的规律。一些神话不惜将《圣经·旧约》中的人物摩西的出现时期提前，认为二者是同一时代的人。但事实上，赫尔墨斯·特利斯墨吉斯忒斯只是一个传说中的人物。

据传由赫尔墨斯·特利斯墨吉斯忒斯遗留下来的文献共有十余件，但和炼金术一样，这些文献的内容令人感到匪夷所思。传说中，《翠玉录》是由腓尼基人用自己的文字记录在一

17世纪拉丁文记述的《翠玉录》，上面充满了富有创造力的描述。

块翡翠上。亚历山大大帝在公元前4世纪搜掠了赫尔墨斯的坟墓，在赫尔墨斯手中发现了《翠玉录》。还有一个传说认为《翠玉录》发现时间要早于亚历山大大帝时期，说诺亚将《翠玉录》携带上了挪亚方舟。

尽管神话都很吸引人，但直到9世纪初人们才发现《翠玉录》。它的出现相当晚，比赫尔墨斯的其他著作都晚。《翠玉录》上的神秘文字被爱好炼金术的人解释成一种神秘的力量，这些人将《翠玉录》看成“贤者之石”，即一种虚构的转化工具（见31页）。但毫无疑问，这种虚构的转化工具是不存在的，而且《翠玉录》上的文字也没有表明这一点。

化学的启蒙书

如果《翠玉录》确实存在过，它也早就失传了。最早关于实践化学的记载来源于3世纪，它被记录在莎草纸上。这虽比《翠玉录》平凡了许多，但其内容仍令人惊奇。这些文献用希腊文写就，流传于埃及。在那里，希腊文明在罗马统治下得以延续，这其中以亚历山大市最为突出。这是从埃及传出的唯一留存下来的化学文献，可以说埃及是西方传统炼金术的家乡。

这些文献中有两本叫作《莱顿莎草纸》和《斯德哥尔摩莎草纸》，它们共包含250个化学秘诀，涵盖手工制作染料和人造金、银、宝石所使用的技术。现如今，人们仍然可以使用这些具有实践性的技术，因为这些技术与后来炼金术所使用的神秘操作完全不同，没有那些迷信的内容和奇特的仪器设备。比如，其中有如何用醋或者尿液制备等量的石灰和硫黄；加热混合物直到液体变为血红色，然后过滤这种

液体，得到一种液体可以将银染成类似金一样的颜色（在银中加硫化物就会出现这样的现象）。不过，莎草纸上并没有说明溶液中的金属实际转换成了另一种金属。

第一种元素和它的转化

四种希腊元素——火、空气、土壤和水，通常呈菱形排布，显示出每对元素的共同特性（见14页）。亚里士多德解释了一种元素如何打破特性平衡，从而转变为其他元素。如果两种元素有相同特性，那么就会加速这种转变。

亚里士多德认为，在那些有可交换的“基本因素”的元素间，转换过程会非常快，如果没有，该过程就会很慢。原因是，对于单一事物的改变比多个事物要更容易。例如，如果火的一个特性改变，就会生成空气。我们知道火是热和干的，而空气是热和湿的，所以如果湿战胜了干，那么火就变为空气。同样，如果冷战胜了热，空气就变为水，因为空气是热和湿的，而水是冷和湿的。以同样方式可以解释水变土壤，土壤变火，因为这几对元素中都有可交换的“基本因素”。水是湿和冷的，土壤是冷和干的，所以干战胜了湿，水就变成土壤；火是干和热的，土壤是冷和干的，热战胜了冷，土壤就变为火。

柏拉图（左）和他的学生亚里士多德，《雅典学派》（局部），拉斐尔绘，1509—1511。

两种完全矛盾的元素混合在一起就会生成一对相反的元素：“火加水生成土壤和空气，空气加土壤生成火和水。”

亚里士多德认为，尽管元素性质带给物质不同形式，但基本物质是不变的。这一点十分重要，它贯

炼金术的内在和外在

人们认为炼金术有两个重叠的领域：一个是外在的炼金术，它是更像化学的部分，关注物质的转换；另一个是内在或精神的部分。这绝大程度上是后人的看法。对于古代炼金士，二者没有区别。炼金士的方法根植于对物质性质的理解，也根植于精神、宗教、占星和物理等多方面领域。我们应当把关注的焦点放在炼金术的实践上，而不是放在神秘的一面上，但这一点很难做到。

穿整个化学发展史。也就是说，所有物质本质相同，但表现不同，要么是有不同性质、不同形态，要么存在于不同条件。例如，所以有干和热性质的物质元素表现为火元素。

这就让不同类型物质间的转换变得合理。如果材料本质没变，只有性质改变，那么通过某些调整就可以简单地将任何一种物质变为其他物质。这些调整就是炼金士们着手去研究的。他们尤其想把廉价的金属，如铁或铅，转变为金或银这样的贵金属。

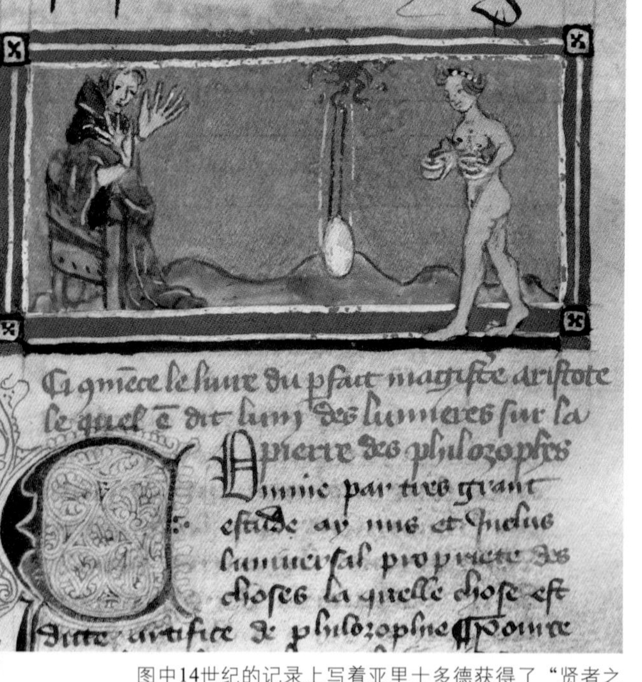

图中14世纪的记录上写着亚里士多德获得了“贤者之石”，但这只是一个误传。

对于亚里士多德的理论，最根本或“首要”问题是，它只停留在理论阶段。他没有说明分离或合成基本物质的方式，而我们周围的所有物质都有自己的独特之处，所以应该还有其他属性存在。但对于后来的炼金士来说，改变基本物质的性质是可实现的目标，这些基本物质被想象成一种黑色的块状物。

混合与转变

为了影响物质的转化，炼金士需要找出物质的性质，比如金，然后用其他物质的特性配出目标物质。这需要先将初始材料还原成没有特性的基本物质（黑块），然后通过增加或传递所需的性质来重构新物质，也就是金。当基本物质的比例合理时，初始材料就会形成金。那么，为什么炼金士从未成功过？因为他们不知道如何实现这一过程。

蒸气

亚里士多德认为，金属和矿石的生产过程会产生两种“蒸发物”：一种是烟，另一种是“蒸气”。当太阳射线温暖土和水时，就会产生这两种“蒸发物”。温热的土壤蒸发出热和干的烟，由此形成不会消散的矿物；温热的水蒸发出蒸气，并由此形成金属。每种类型的“蒸发物”都不是纯净的，都含有少量另一种类型。因此，矿物和金属像其他所有东西一样，也是这四种元素的混合物。

亚里士多德还提出，金属的形成是由于“蒸发物”被困在土壤中，并被冷、干的元素加压，从而发生了变化。因此，金属在土壤中以矿层或矿石的形式存在。他认为，金属可以有机地生长，所以一粒小小的黄金可以如种子般长成大金块。其理论显然不仅为贵金属的转化，也为贵金属的增殖奠定了基础。

亚历山大市蓬勃发展的炼金术

炼金术应该是以亚历山大市为中心向四周传播的，但对此却鲜有记录。普遍认为有关炼金术起源的记载约在292年时被毁，当时罗马帝国的皇帝戴克里先命令烧毁所有“埃及人写的关于金银转化的书”。

现存最早有关炼金术的记载，除了《翠玉录》的抄录本以外，就是希腊—埃及炼金士佐西默斯遗留下来的部分研究记录。这份写于公元300年左右的文献只保

根据考古发现和现代记录重现的公元1世纪亚历山大人的化学工作室

存下来了一个副本。这些文献与莎草纸文献明显不同。佐西默斯目的在于金属的转化，确立原则和理论，更看重其中的逻辑过程，而不是制造赝品。他认为“蒸发物”是物质的特性，固体部分或本体是物质的属性。所以，如果将蒸气和物质本体割裂开，将物质本体与不同蒸气结合，就会改变物体的性质。为此，他尝试了多种加热方法，以求能够分离或结合本体与蒸气。

女性的参与

佐西默斯的记录中出现过四个女人，其中两个分别是犹太女人玛丽（或米利亚姆）和炼金士克莉奥帕特拉。佐西默斯亲手撰写的记录大部分都遗失了，但留存下来的部分讲述他如何对一个女性传授知识。这无论是出于对文学效果的考虑，还是这个学生真的是女性，都说明学生是女性更能吸引人注意。这说明女性在早期化学发展中扮演了重要角色——至少在化学文化传播上十分重要。

神秘的手稿

炼金术在传统意义上是一种神秘的艺术，或者说是一种强调神秘性的早期化学观点的集合。另外，手工艺者会利用这些方法挣钱，所以其也有一定的商业意义。

佐西默斯也强调神秘性。他虽然进行了大量关于将基本金属转化为黄金的研究，但他不想和任何

人分享自己的成果。他的文字中充斥着神秘的典故、寓言、暗喻、符号和密码，以替代那些现实中的化学元素。在接下来的一个世纪中，炼金士都以这种方式记录自己的研究。例如，水银被描述为银白色的两性物质，并利用寓言的形式将其挥发过程描写为在圣坛上肢解金属人。其实，炼金术采用的密码和记述方法具有一定的逻辑，指代物和原始的物质有着一定的联系，而不是一味地对读者隐藏信息。

佐西默斯文献原本用希腊语写就，后被翻译成古叙利亚语和阿拉伯语。文献共分为28卷，非常详细地记述了那时候的炼金术。他的记录中涉及的实操仪器表明那时的人发明了大量工具。这些工具是由工匠和厨子所用的器具改造而成的。虽然文献目前只留存了一卷，但里面很清楚地记录着，蒸馏、过滤和升华所需要的工具，以及恒温加热的水浴锅与各式各样的容器和炉灶。

中国的炼金术

同一时期，炼金术也在中国发展着，这很有可能由东西方的交流导致。在公元纪年最开始的几个世纪里，中国和亚历山大市之间就存在贸易往来。中国最早提及炼金术的文字是公元前144年的一张告示，上面严令禁止仿造黄金，违者会被处决。约在180年，一位学者认为炼金术在以前是被许可的，只是当时的炼金士一直在努力制造假黄金挣钱，从而走上犯罪道路，因此国家才禁止这种做法。即便这

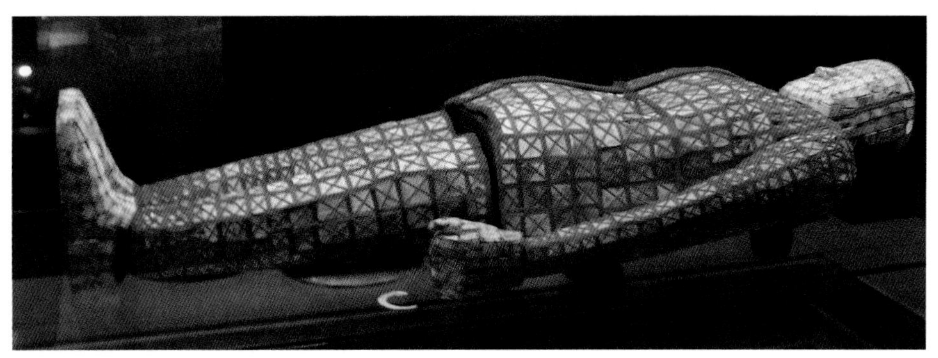

金缕玉衣是中国皇帝和高级贵族死后所着的殓服，用以授予他永恒的生命，因为翡翠、黄金和朱砂意为不朽。

> 升熬于甑山兮，炎火张设下。白虎唱导前兮，苍液和于后。朱雀翱翔戏兮，飞扬色五彩。遭遇罗网施兮，压之不得举。嗷嗷声甚悲兮，婴儿之慕母。颠倒就汤镬兮，摧折伤毛羽。漏刻未过半兮，鱼鳞狎鬣起。五色象炫耀兮，变化无常主。沸潏鼎沸驰兮，暴涌不休止。接连重叠累兮，犬牙相错距。形似仲冬冰兮，瓓玕吐钟乳。崔嵬而杂厕兮，交积相支柱。阴阳得其配兮，淡薄而相守。
>
> ——魏伯阳，《周易参同契》，3世纪

样，公元前133年（仅在限令公布11年后），吴王就纵容一位承诺制出长生不老药的炼金士炼制丹药。失败后，吴王判处炼金士死刑（但最后赦免了）。

这幅18世纪的画作描绘的是陶弘景（451—536）求仙丹的场景。

在中国，炼金士在炼金的同时还发展出了一种长生不老术，而此时的西方正热衷于将金属转化为黄金。3世纪，道士魏伯阳在《周易参同契》中记述了如何由黄金制作“长生不老药”。在书里华丽的辞藻中，人们很难找出有用的做法说明，但魏伯阳就是不想轻易泄露这种方法，所以写得十分隐秘。3世纪或4世纪初期，葛洪写下了炼丹著作《抱朴子·内篇》，他强调炼丹要做到以下几点：炼丹术只能口耳相传；要拜仙人为祖师，这样仙人就会带来特别的保

佑；炼丹人的八字要合适；炼丹前要用香气净化自己，要斋戒100天；炼丹的地点要选在举世闻名的大山上，小山都不适合炼丹。这些特殊的要求在西方炼金术中也有，但在中国传统炼丹术中尤其突出。很遗憾，现在已无从考证其丹药的配方，但从记述中看，在炼制100天后，其可以将水银或铅锡合金变为黄金，并制出长生不老药。

实践中的化学家

炼金术的发展得益于能工巧匠，他们善于制作染料、颜料、玻璃、陶瓷、药物、香料、金属加工和冶金。埃及炼金士不断提升技术和设备，以达成最终的目

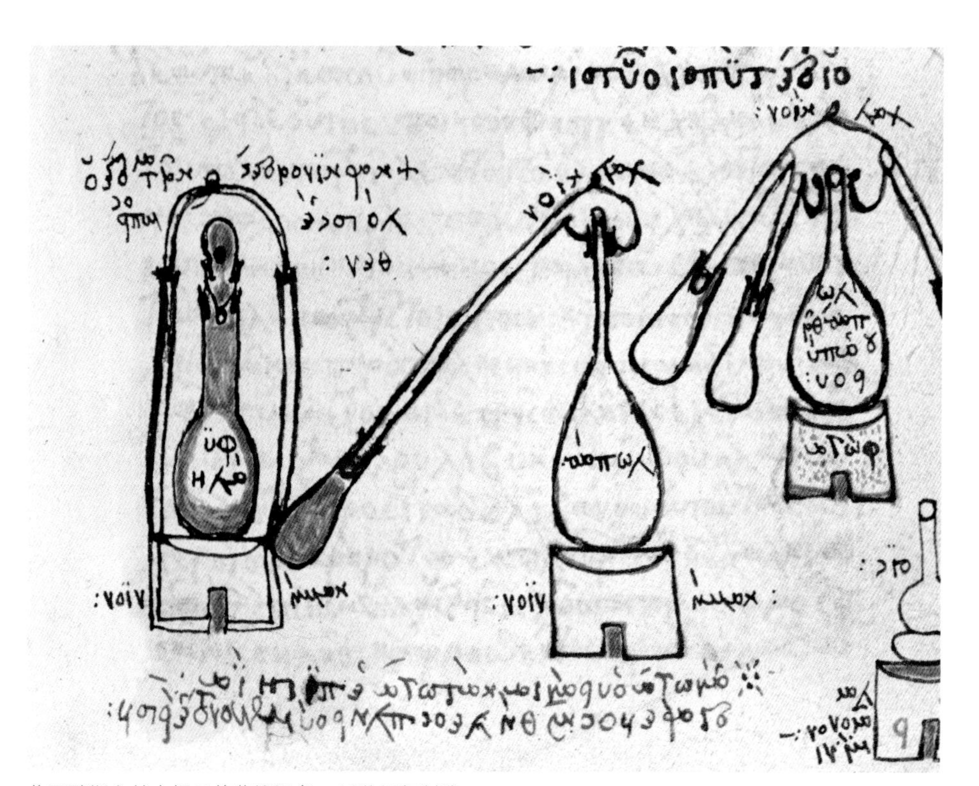

佐西默斯文献中提及的蒸馏设备，16世纪复制稿。

用蒸馏器蒸馏

蒸馏过程中主要用到的设备就是蒸馏器，可用于加热液体。蒸馏器有三个部分：装初始液体的容器叫“葫芦”，盖住“葫芦”顶部的“头”，以及一个或多个通过管子与“头”相连的接收器。加热“葫芦”中的液体，蒸气上升，到顶部以后冷却，沿着回收管流入接收器。

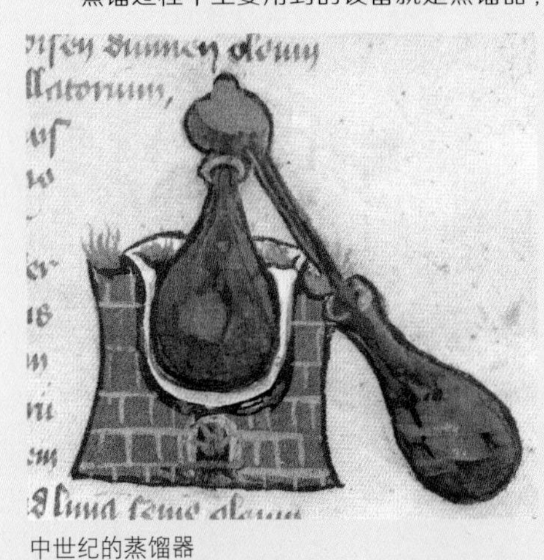
中世纪的蒸馏器

佐西默斯认为蒸馏器由犹太女人玛丽或炼金士克莉奥帕特拉发明。人们用它蒸馏乙醇并提取植物精油，制作香料和药物。直到现在，酿酒厂依然在利用这个原理进行生产。

标。这些设备的主要部分是熔炉（风箱可以提高温度）、坩埚和蒸馏器。他们所使用的方法大多以加热为主，要么单独加热（其实在自然条件下加热时，氧气在其中发挥了重要作用，所以不存在“单独”一说），要么混合加热。例如，佐西默斯对有蒸气存在的加热过程就特别感兴趣。

炼金过程包括液体的蒸馏，以及在穿孔的坩埚里熔化金属，然后收集流出的液体对其进行精炼。炼金士通过加热升华并迅速冷却蒸气，得到凝结的固体。煅烧（形成氧化钙或氧化物）也是通过加热一种物质来实现的，这种物质在加热过程中会与空气中的氧气结合。同样的方式也曾用于史前时期熔化金属，现在它已成为实验中的常用方式之一。

佐西默斯将实用化学和物质的性质理论结合，具有重大意义。希腊理论家和哲学家曾思考过物质的变化，同时代的工匠却在没有理论依据的情况下，不断地实践着这一过程。后来，在希腊统治下的埃及，炼金术又开始重视理论依据，并且为其蒙上了一层神秘的面纱，而佐西默斯所擅长的实用化学部分则有所减少。

基础物质

6世纪，小奥林皮奥多洛斯曾评价过佐西默斯，并继承了佐西默斯关于蒸气和物质本体的观点，也对泰勒斯的万物源于单一基本形态这一说法做了进一步展开。他提出普通“金属物质”概念。这个“金属物质”是所有金属建立的根基，通过对该基础物质赋予不同特性就可以生成不同类型的物质。其中的逻辑是，如果去除基础金属的特性，物质就会变得像一张白纸般纯净，然后将金或银的特性灌入其中，就会使其发生转化。后来在欧洲，阿拉伯人将这个理论变为炼金术的基础。

贤者之石

“贤者之石”成为炼金士追求的终极目标。这是一种可以引发不可思议的变化的物体，只需要将一块贤者之石加入基础金属，就可以将其转换为金或银。它还可以让人恢复健康、延年益寿，制作小矮人（见63页）。那时的人相信有贤者之石的存在，并视其为权力的象征，而且它还关乎灵魂的洗涤和终极精神的转变。

佐西默斯最早提出贤者之石的概念。他指出“硫黄水”是一种转化剂，可以将“石头的特性转化”。（他也用“硫黄水”这个术语指代其他物质；对于炼金士来说，用多个词指代一种物质，或用一个词指代多种物质，是非常常见的。）这种转化物后来被称作炼金药。无论这种转化物是石头还是仙丹，现实中都不存在。

阿拉伯炼金术

640年，亚历山大市落入阿拉伯侵略者的手中，被伊斯兰国家吞并。不久后，大马士革的翻译家开始将希腊文献译为阿拉伯语。到了762年，巴格达的翻译家也

从9世纪到13世纪，在巴格达的智慧之家，伊斯兰学者最初的工作是将希腊学说译成阿拉伯语并对其进行评论。炼金术是这里翻译、研究的众多课题之一。

着手开始翻译。他们将充满智慧的希腊文化大规模更新，使阿拉伯文明蓬勃发展。

没人知道炼金术是怎样激起伊斯兰学者和科学家兴趣的，但10世纪的一个历史学家（有待考证）指出在754—775年期间，哈里发[9]曼苏尔的使臣曾访问拜占庭帝国，皇帝向其展示了令人惊奇的炼金术：他将一种白色粉末扔进一桶熔化的铅中，白色粉末迅速变为水银；将一种红色粉末扔进一桶熔化的铜中，红色粉末迅速变为黄金。听到这些后，哈里发曼苏尔下命令翻译希腊的炼金著作。在哈里发曼苏尔的要求下，有关科学和医学的翻译工作得到迅速蓬勃的发展。而且，在这之后的传说中贤者之石被赋予红色和白色两种形式，二者有不同的转换能力。

炼金术之父

贾比尔·伊本·哈扬是最出色的阿拉伯炼金士之一，也被称为“吉伯”。他被誉为“炼金术之父”，因为他为后人留下了易于理解和系统化的炼金术文献，并让

炼金术重回实用化学领域，而不再是那种深奥的精神思考。目前还不清楚他是真实存在过，还是根据几个人的经历创造出来的人物。据传说，他生活在8世纪，但学者认为他的文献内容明显受到一个世纪后的发展的影响，其中包括那时兴起的什叶派哲学。他的存在怀疑起始于10世纪。尽管贾比尔的每个文献都比较短，但他贡献了3000多个文献。不论这些文献是谁写的，贾比尔的名字为其贴上了权威的标签。为了方便，以下内容中我们还是将贾比尔当作这些文献的作者。

对于炼金术，贾比尔提出的中心理念是：所有金属都是水银和硫黄以不同比例生成的混合物。当然，比例达到完美的平衡时会生成金。制备金的水银和硫黄要非常纯净，任何瑕疵都会导致生成的失败。如果纯化成分，成功调整水银和硫黄的比例，自然就能生成金。因此，贾比尔对炼金术转化的可能性给出了一个具有逻辑性的理由，也为炼金失败找到了借口（不纯净），然后开启了阿拉伯炼金士1000年徒劳无功的尝试。

贾比尔认为，金属是在地壳中自然形成的，而在经历一段时间后会自然而然地发生变化。这些金属经过成千上万年的加热和被渗入地表的水流冲刷，可以形成基本金属，最终被转化成金和银。矿石通常是金属的混合物，也许一开始矿石只由一种金属元

阿拉伯炼金术

阿拉伯炼金术也有一个关于起源的传说，尽管这个传说没有亚历山大大帝从死去的赫尔墨斯手中夺得《翠玉录》的传说那么吸引人。它讲的是，一个叫作哈里德的年轻倭马亚王子，被一个亲戚夺走了王权。亲戚声称这是一种保护，等到哈里德成年以后再扶持他继位，但是很快这个亲戚就娶了哈里德的母亲并让自己的孩子成为继承人。于是，哈里德的母亲杀了自己的新婚丈夫。

很明显，这个年轻人的继位环境不那么安全和愉悦，所以他离开了祖国，逃去埃及开始了新生活，不断学习那里的先进思想。他遇见了一位信奉基督教、一心想要改变穆斯林王子信仰的炼金士，这个人叫马利安。马利安将炼金术的秘密和如何制作贤者之石告诉了哈里德。后来，哈里德将这些写成文章，于是炼金术得以流传于世。这是个很有趣的故事，但哈里德做出的贡献在他死后100多年才被人们记录下来。

素组成，后来其中的一部分才逐渐转化成其他金属元素，这使得贾比尔的理论变得越发可信。因此，炼金士需要做的就是简单地复制和加速这一自然发生的过程。

四种特性

贾比尔基于亚里士多德关于物质的理论，相信物质有四种基本特性：热、冷、干、湿。通过多次蒸馏，他认为可以生成一种只有一种特性而不是两种特性的物质。例如，将水的“湿”这一特性去掉，会得到一种白色晶体或固体粉末，这种物质只有“冷”这个特性。显然，如果能分离出各个特性，就能将其加入其他物质中调整其中的属性。简单来说，硫黄可以为金属提供热和干的部分，水银可以提供冷和湿的部分。

贾比尔炼金术理论的基本元素——水银（上图）和硫黄（下图）。水银在常温下是唯一液态的金属，这个特性使它显得非常特别。

当然，想调整样品的特性使之变为黄金，就要知道有多少特性需要增加或减少。这就意味着需要知道原料的成分和需要的成分。对此，贾比尔没有一步一个脚印地进行实践，而是走上了经验主义道路。根据金属的阿拉伯语名称，他采用了一种复杂的数字命理学方式，来揭示物质四个特性的比例。他将这四种特性细分为7个强度，28个种类。对此我们不需要深入了解，因为其大部分内容都是数字游戏。

> 化学的首要要素就是要实践和组织实验，不这样做的人永远不会走入化学的大门。
>
> ——贾比尔

贾比尔得出的结论是，为了转换一种金属，必须计算那些需要加入的特性的比例，即根据被转化的金属的质量算出需要多少转化剂。在贾比尔时代，人们只认识七种金属：金、银、铅、铜、铁、锡和水银（不总是被划为金属）。当水银不算在内时，有一种叫“中国金属”的物质代替水银成为七者之一。这应该是一种铜、锌和镍的合金，现在被称为“镍银”。这七种金属中两种是贵金属（金和银），五种是基本金属，所以通过合适的转化剂，就可以完成十种转换。

每种转换都有特定的转化剂对之造成影响。每种基本金属中的特性都有不同的比例。另外，有一种超级转换剂可以影响任何一种转换，即贤者之石。只有最甘于奉献和努力的炼金士，经历足够的困难，拥有足够的技巧，才能制备出最好的转换剂。

引入有机物

在贾比尔之前，炼金士的研究对象只局限于矿石和金属。贾比尔列举出对炼金术有用的有机成分，如狮子、狐狸、牛、驴、羚羊和毒蛇的血液、毛发、骨头、骨髓和尿液，以及从梨、洋葱、橄榄、姜、乌头、胡椒、芥菜、茉莉、黑种草和海葵中提炼的植物材料。而炼金士往往专注于选择金属和矿物去提炼纯净单一的特性，用于制备转换剂，但这十分困难。所以，他们退而求其次，利用容易分解的有机物作为转换剂。

拉齐斯也是一名医生，图中描述的是他正在检查一位病人的尿样。

认真探究事实真相

穆罕默德·伊本·扎卡里亚·拉齐，又称拉齐斯（854—925），著名物理学家。其还创作了许多重要的医学著作，同时也是一位活跃的和注重实验的炼金士。事实上，他对实验和实用化学感兴趣的程度超过神秘的炼金术。

> 根据人们长时间对矿石特性的研究得出，矿石的本体是蒸气逐渐变厚和凝固而来的。首先凝固的是水银和硫黄。这两种物质是矿物的本源……通过温度和湿度作用，它们发生适度混合直至凝结，从而产生了矿石的本体。随后它们历经千年，逐渐变为金和银。
>
> ——伪拉齐斯，《论明矾和盐》，约翰·诺里斯翻译，2006

拉齐斯有一间装备齐全的实验室，他还列出了一个炼金术仪器清单，将它们按照溶解、熔融金属和转换金属的用途分门别类。其中第一组包括点火和处理灼热物体的工具，有风箱、坩埚和火钳。熔融和溶解材料的仪器有杵、研钵、搅拌棒和剪刀。第二组包括蒸馏的必要仪器，有熔炉、蒸器、蒸馏器、水浴锅、各式各样的玻璃器具、筛和过滤器。

他将化学品分成6组：

- 4种“灵魂剂”：水银、氯化铵、硫黄和硫化砷。
- 7种“本体”金属：银、金、铜、铁、石墨、“中国金属”和锡。
- 13种石头：白铁矿（硫化铁）、菱苦土或方镁石（氧化镁）、孔雀石（碱式碳酸铜）、氧化锌、滑石、天青石、石膏、石青、赤铁矿（氧化铁）、氧化砷、云母、石棉和玻璃。
- 7种硫酸盐；硫酸盐用于制备硫酸，作为转换过程中溶解金属的溶剂。
- 7种硼酸盐，包括泡碱。
- 11种盐，包括常见的食盐（氯化钠）、灰、石脑油、石灰（氧化钙）和尿素。

拉齐斯的书中描述了各种反应过程。与其他炼金术文献不同的是，拉齐斯摒弃

了华丽的辞藻，用一种严谨、科学的论述方式写就了这些书。

拉齐斯认为，所有金属都是由水银和硫黄形成的，但一些金属中还含有盐类物质。他不认同贾比尔用复杂的命理学方法解决平衡性问题，以便生成黄金，但他认同其转换原理。而且，他还扩大了炼金术的应用范围，探索了如何将石头、水晶和玻璃转换为宝石。

拉齐斯的转换原理

拉齐斯对基本金属转换为黄金这一系列复杂过程做出了易于理解的解释。他详细描述了蒸馏、煅烧（生成氧化钙）、溶解、蒸发、结晶、升华、过滤、汞齐化和糊化（将坚硬的物质通过加热和与液体混合变为柔软的糊状物）过程。其中涉及的转换步骤为：

●通过蒸馏或其他合适方法将物质纯化；

●将物质置于炉上，用糊化的方式将物质变为柔软的糊状物，这一过程中不会产生烟雾；

●将糊状物溶解在“硬水”（碱或氨水）中；

●将溶液混合；

●通过蒸发或其他方式使混合物凝固。

这一过程中涉及的物质是根据其不同特性的比例选取出来的。最终固化出来的产物就是转换剂。这个过程十分复杂，有几个步骤需要重复若干

10—12世纪，阿拉伯人用的蒸馏装置。

次，甚至几百次，才能得到纯净的产物。

一旦实验失败，炼金士就会研究实验得到的产物的特性。炼金士制备出各种纯净的未知化合物，然后测试它们能做什么，为化学的发展打下了坚实的基础。炼金士还尝试将这些化合物应用在人体上，尽管有些病人因此而丧命，但也发现其中部分化合物确实具有医疗价值。

有用的结果

贾比尔的遗稿中有一部分详细地记录了关于化学反应和其产物的研究。这为化学的后续发展打下了基础。例如10世纪时，阿布·曼苏尔可以将碳酸钾和碳酸钠分离；发现煅石膏以及其在接骨方面的应用；描述了氧化砷和硅酸；发现锑在刚切开时有金属光泽，但因氧化而迅速黯淡；铜在空气中加热会生成氧化铜，可以染黑头发。炼金实验的产物一般是无机物，它们是医疗化学（源于炼金术的药物治疗）的前身，后来在16世纪由帕拉塞尔苏斯普及（见60页），最终发展成现在的化疗。

灵丹妙药

炼金药（elixir）一词来源于阿拉伯语中的“al-iksir”，而后者来源于希腊词汇“xerion”（一种用来治疗创伤的药粉）。这个名字反映出炼金术与医学的联系。炼金药的原理也是基于热—冷、湿—干这四种特质，但在人体中这四种特质的表达形式为四种体液，其可以平衡身体健康。由此可见，炼金药的应用是基于利用其他物质来平衡物质内部的特质的炼金术原理，而且炼金术著作中也经常使用医学隐喻。

转化被否定

阿布·阿里·伊本·西纳，又称阿维森纳，是11世纪阿拉伯最优秀的物理学家和科学家之一。他对炼金术持怀疑态度。阿维森纳认同贾比尔关于金属成分的观点，但认为炼金士从没有成功转换过金属。他认为炼金士生成的物质看似金、银，但实际上只是很相近的仿制品。他解释说因为“现实比理想更残酷”，形态之间的

转换不可能实现：

“我认为转换是不可能的，因为没有办法把金属结合体分裂成几部分。感官上察觉到的那些特性无法用来区分金属，它们只是偶然得出的结果或推论，那些最重要、最特别的特性还是未知的。”

这个具有洞察力的推论最终变为现实。金属间根本的不同实际上不是感官可以识别的，物质的根本是原子，不同的原子构成了不同的物质。

阿维森纳的理论没能得到广泛传播，那些维护炼金术的人反对他的观点，并继续研究转换剂。不过，人们对炼金活动的关注点开始发生变化。随后，阿拉伯炼金士将工作重心转回到早先的文字记录。在这些重要的文献中，麦斯莱迈 · 伊本 · 阿默德 · 马吉里蒂的文献尤其引起人们的重视。他在《贤者的脚步》一书中写了提纯黄金的详细过程，以及如何制备氧化汞。其更注重产物和反应物的重量，这在18世纪前是再正常不过的了，但这也没有什么特别的。在阿拉伯地区，炼金术的发展停滞不前，其发展开始转向一个新的舞台：欧洲。

阿维森纳在医药学中应用化学知识。帕拉塞尔苏斯在500年后的欧洲也做了同样的事情。

一位阿拉伯圣贤（图左侧）正在翻阅炼金术图表。

西班牙在1065年被划分为西班牙王国和穆斯林统治区。

炼金术进入欧洲

1144年2月11日星期五是欧洲炼金术历史上重要的一天。那天，英国人切斯特的罗伯特完成了将阿拉伯著作《炼金术组成之书》翻译为拉丁语的工作。他当时正和其他欧洲学者在西班牙南部研究并翻译阿拉伯和希腊文献，那里大部分还属于阿拉伯领土。通过西班牙，尤其是科尔多瓦和塞维利亚，希腊、

阿拉伯学说传入中世纪的欧洲，使西班牙的科尔多瓦城成为智慧中心。

埃及、叙利亚和所有阿拉伯国家充满智慧的文化遗产流入欧洲，成为欧洲学术的基石。

《炼金术组成之书》的主要内容是，马里亚诺向哈立德·伊本·亚齐德揭秘炼金术。欧洲炼金术的发展正是得益于此书。当然，这不是唯一被翻译成拉丁语的文献。在这之后的很多年里，一些翻译家将贾比尔、拉齐斯和阿维森纳等人的著作翻译为拉丁语或卡斯蒂利亚语。很快，欧洲科学家就在这些文献中加入自己的研究。

欧洲贾尔比

由于阿拉伯作家有时会借助希腊先贤的名望提高自己作品的权威性，所以一些早期欧洲炼金士也会借助阿拉伯人的名望提升自己。中世纪最有影响力和广泛应用的一本书，是13世纪一位叫作“伯格”（贾比尔的拉丁语形式）的人写的《综合性论文》（也叫《完美的总和》）。这个作者被称为“伪贾比尔”，其身份有可能是

意大利塔兰托的一位男修士。他的观点受到了阿拉伯炼金术很大的影响，但也有基于实验的、更实用的理论。像先人贾比尔那样，伯格描述了转换剂的三个等级，但与之前不同的是，他不再只用矿石资源制备转化剂。他提出如何提纯物质，以及如何检测炼金产物的纯度，也就是如何检测金和银的纯度（见189页）。

对于物质的本质，伯格将金属由水银—硫黄构成理论与亚里士多德的固体由一些小部件和孔洞构成这一理论相结合。在金中，这些小部件结合得非常紧密，使金的结构致密，而不易发生分解。对基本金属来说，这些小部件结合得没那么致密，孔洞使其较金软，在加热条件下更容易被分解，火中的粒子可以穿过金属中小部件间的缝隙进入，然后将金属分解。尽管亚里士多德不是原子论者，但他坚信维持物体性质的粒子尺寸很小。所以在某种程度上，将金无限等分，金会因体积太小而失去自己的特性。（这在某种程度上是正确的：不能说液态水中的一个分子还是湿的，即使

结局悲惨

智慧中心巴格达与伊斯兰黄金时代都在1258年结束了曾经的辉煌。外族侵略者破坏了城市中的图书馆、清真寺、学校和医院，并将书本全部扔进底格里斯河，还屠杀了学者。据说，底格里斯河多日呈现墨水的黑色和血的红色混杂在一起的颜色。

不能实现的配方

西奥菲勒斯写于1125年的一本颇具实践性的化学著作中，记录着一个早期欧洲炼金术配方。书中写道，西班牙黄金由一种红色的铜、蛇粉、醋和人血的混合物制备而来。要验证西奥菲勒斯的配方有着意想不到的困难。

蛇粉并不是通常意义上蛇的某个部位磨成的粉。要想制备蛇粉，要先将小公鸡喂得很饱，直到它们交配生蛋，再训练一只蟾蜍站在蛋上直至蛋孵化出蛇怪来。最后，将蛇怪放入水壶，并置于火上加热直到蛇怪化成粉末。

蛇怪被描述成一条有顶冠的蛇或一只长着蛇尾巴的鸡。

它与其他水分子聚集在一起能够创造湿这个特性。）

《综合性论文》清楚地记录了实验室中酸的制备，解释了水银—硫黄组成金属的原理、金属转换的原则以及维护了炼金术的权威性。无疑，书中详尽的内容使它成为受众最广泛、在中世纪炼金史上最有影响力的书之一。

阿尔伯图斯·马格努斯：科学家还是男巫

德国牧师、学者、科学家阿尔伯图斯·马格努斯（约1193—1280）将炼金术与其他领域联系在一起。炼金术能得到广泛发展，很大程度上归功于他，有关他会巫术的传说也因此而生（见44页）。

阿尔伯图斯属于亲自动手实践的化学家。也许正因为如此，他同辈人说他可以和魔鬼交流，会施展魔法。传说他成功造出贤者之石并传给自己的徒弟托马斯·阿奎那（1225—1274），但阿奎那认为这块石头是邪恶的化身，因此将它损毁。阿尔伯图斯在1250年左右确定了砷元素，它是唯一在史前与17世纪化学革命开启前的这段时间里发现的新元素。尽管砷从青铜时代就开始使用，但以前从未有人将其单独提取出来过。

人们认为水银是“太阳和月亮之水”。这幅15世纪的画描绘了两棵盘绕的树，其中央生成了水银。

阿尔伯图斯也认同当时的主流观点，认为湿和干的蒸气会分别在地下产生金属和矿

> **阿尔伯图斯·马格努斯**
>
> 阿尔伯图斯·马格努斯于1193年出生于巴伐利亚并居住到1206年，是波斯达伯爵的儿子。小时候的他看起来有些愚笨，但在宗教方面有着浓厚的兴趣。据说一天晚上，他在梦中见到圣母玛利亚，从那以后他的智力便提高很多。他后来成为一位伟大的学者，尤其善于翻译和评论亚里士多德学说。人们对他的逻辑能力、系统化思考能力以及在炼金术和其他问题方面的著作做了高度评价。1260年，他开始担任雷根斯堡的主教，三年后辞职，专注于科学研究。

阿尔伯图斯给学生们做演讲。

石，水银和硫黄是所有金属的基本元素。阿维森纳认为，化学生成的物质和自然界所有的不会完全一样，而且炼金术生成的金和自然的金有两点不同：一个是用真金锻造的武器虽会产生裂口但不会溃烂，而由人炼出来的金做的武器就会溃烂；另一个是人为炼出的金和天然的金有不同的医学特性。另外，他还推断人炼出来的铁和天然铁不同。阿尔伯图斯也同意这一观点，当他在火中测试人造金，其在六轮或者七轮烘烤中还能保持完好，但之后就会在火中分解消失。

炼金术和基督教

阿尔伯图斯和他的学生托马斯·阿奎那，以及英国学者罗杰·培根（约1219—约1292）把亚里士多德的思想以绘画的形式融入中世纪基督教。为了更好地学习借鉴，他们将亚里士多德的思想加以调整以适用于基督教，并将亚里士多德视为权威而不可撼动，导致科学进程停滞不前。另外，他们也把炼金术纳入基督教范畴。

阿尔伯图斯和培根重视知识的巩固，而不喜欢开拓新的科学知识。但中世纪之前的百科全书编撰者就已经开始承担巩固

知识的工作了。培根主要研究实用炼金术，解释如何通过化学方式制备物质，如金、药和火药（但他的配方造不出好火药）。与古人不同的是，他强调用实践证明物质的本质是什么，但他也承认实践过程中充满困难。他进一步推进阿尔伯图斯原则，即在炼金术和科学领域中，推演科学证据之前要先详细观察。这使他成为这类科学方法的早期拥护者（见72页）。

> 自然科学不在于认定别人说了什么，而在于寻找现象发生的原因。
>
> ——阿尔伯图斯·马格努斯，13世纪

相传，培根和阿尔伯图斯共同制作了一个可以回答问题的铜制头颅。其实，关于这两个人的传说有很多，但都没有证实。实际上，他们总结出了一些炼金办法，但在实用化学方面却未能获得什么重大的成果。这也许是他们未能将成果记录下来造成的。培根完全相信炼金术的可能性，十分崇拜据称是阿拉伯学者阿特弗斯在1150年写的《秘本》一书。在这本书中，阿特弗斯宣称自己生于1世纪，曾借助贤者之石延长寿命，活了1000多年。

金属之上

炼金术传入欧洲时，人们主要研究的是如何转换金属。但在接下来的一个世纪中，研究主题发生了转变，范围扩展到了物理甚至精神领域，逐渐被基督教化了。即使如此，它也没有完全融入教义之中。

炼金术和灵魂

13世纪和14世纪的炼金士大多都在编造基督教理论和炼金术之间的关系。1300年左右，宗教思想中开始出现炼金术理念。当时的人认为，就像合适的提纯方法能

得到完美的基本金属，最终变为黄金一样，类似的原则也适用于完善人的灵魂（和身体）。基于宏观精神领域可以反映微观世界的状态这一理念，人们开始着手关于宏观领域的研究。

如果以寓言的形式描述炼金术的实践步骤，就会导致语义不明。阿尔诺·比拉诺瓦（1240—1311）在《隐喻的论述》一书中，把贤者之石将水银转换成金属这一过程描述成基督的某段经历。他试图通过寓言将详细经过掩盖起来，但完全没有必要这么做。几年后，作家罗奎特拉德（1310—1366）利用寓言的形式，清楚地描述出化学的连续过程和其中的化学成分。这样描述是为了掩盖信息，但信息本身并没有变，具备一定知识的人可以看出其中被掩盖的信息。这类寓言使炼金术与基督教有了千丝万缕的联系。这种联系持续了几个世纪，提升了炼金术的地位，可能还使它免受破坏。

> 说石头有灵魂是为了形容炼金的结果不令人满意：因为炼金既不像繁殖植物，也不像繁殖有感官知觉的动物。我们可以看到这些物种的繁殖是从它们自己的“种子”开始的，而石头根本没有“种子”。从未见过石头从石头中长出来，因为石头根本没有繁殖的力量。
>
> ——阿尔伯图斯·马格努斯，13世纪

炼金术和人体

罗奎特拉德还将炼金术和药物联系在一起，延长了人类的生命。具体来说，实践性的应用是：他学习了乙醇的蒸馏，生产出酒精（乙醇的水溶液），并利用酒精从草药和植物中提取活性成分。他发现大多数情况下，酒精比水更适合作溶剂。

用酒精制药到将其视为贤者之石用来炼金只经历了很短的一段时间。1322年，一本名为《遗嘱》的书中就提到酒精在炼金术中的应用。这本书关注的是金属的转换、宝石的形成和健康的维持，并将这三种力量都归功于贤者之石——宇宙的治疗师。而把炼金术应用到医疗方面，是在200年后由瑞士医生帕拉塞尔苏斯完成的（见59页）。

秘密中的秘密

人们通常将培根与一本叫作《秘密中的秘密》的书联系在一起。《秘密中的秘密》据传是亚里士多德写给（他的学生）亚历山大大帝的一封信，但它实际却是在10世纪用阿拉伯语写成的，并于12世纪被翻译成拉丁语。这本书涵盖了许多内容，包括炼金术和其他科学。培根为《秘密中的秘密》写了注释，并经常引用它。在12世纪和13世纪时，这本书是阅读量最大的书之一。

骗人的炼金术和炼金士

时光荏苒，人们依旧相信可以用铅来炼金，以及长生不老药的存在。但人们从反复的炼金尝试中也有所收获。在欧洲中世纪期间，一些骗子声称可以炼出黄金，给炼金士带来不好的名声。一些国家通过法律禁止炼金，防止骗子利用炼金术挣钱。那时候的自由作家，如意大利的但丁·阿利基耶里和英国的杰弗雷·乔叟批评嘲讽那些冒充炼金士的骗子。即使这样，人们仍相信炼金术的真实性和贤者之石的存在，因为这是一个有利可图的行业。尽管英国国王亨利四世立法禁止假冒炼金士制备金属，但只需购买一张许可证就可以从事把物质转换为金这种炼金活动。

15世纪早期的《秘密中的秘密》原稿，上面的图描绘的是巴别塔的修筑，下面的图描绘的是琐罗亚斯德和两个魔鬼。

在但丁的《地狱》“第二十八首”中，金属伪造者包括炼金士。书中描述这些金属伪造者身上长满疮痂，刺痒难熬，拼命用手抓挠，直到把皮从身上挠下来。

炼金术的困窘

对于相信炼金术存在的欧洲君主来说，炼金术使他们陷入两难。将基本金属转换成金的方法只要能得以正确应用，就可以获得巨额财富。但它也对金融造成了威胁，使人们手中的货币贬值。很明显，一旦炼金成功，黄金的价值就会骤然下跌。于是，统治者禁止炼金，但同时秘密地支持或招募炼金士，想从中获取私利。

当时君主颁布的法令中甚至有关于保护消费者的条款。贪婪的商人被伪装成炼金士的骗子哄骗。这些骗子承诺能源源不断地提供成倍增长的黄金、银子或宝石。私自炼金后来在基督教世界中被定为死罪。即便这样，传说在14世纪早期，教皇约翰二十二世却仍在尝试炼金，并声称自己成功地使梵蒂冈变得更富有。

很明显，任何具有成功炼金嫌疑的人都会被君主盯上。有很多炼金士遭到指控、监禁、虐待或追捕，就是因为一些满怀希望的最高统治者相信他们已经得到贤者之石，可以炼金或延长寿命，但这只是君主的妄念罢了。

国王的炼金士

西班牙炼金士雷蒙·鲁尔（1232—1315）写过一些关于炼金术的文章，他是未获官方批准的炼金士之一。但更令人难以置信的是，他说自己可以变成一只红色的公鸡。他还说自己为英国的爱德华三世将22吨基本金属变为黄金，使其有钱攻打土耳其。据说他炼金之前要国王保证，不用黄金攻打其他基督教国家。但国王却违背了承诺，继续发动对法国的战争。但爱德华三世在鲁尔死的时候还是个婴儿，使这些传言不攻自破。

传说中，爱德华三世的军队在1346年攻打法国时发动的克雷西会战，就是挪用了雷蒙·鲁尔炼金所得到的黄金作为资金。

化学家用蒸馏仪器制备乙醇溶液。

微观和宏观

炼金术使微观和宏观世界达到和谐，《翠玉录》将其形容为“上”和“下”之间的一种平衡。这个问题还延伸到天文学和占星上。人们把金属和神圣的人体联系起来，把黄金和太阳联系起来，还把银与月亮联系起来，且使每种基本金属对应一个行星。月亮发出银光，所以是银；太阳发出金光，所以是金。火星与铁联系，因为铁被大量用于制造装甲和武器，而火星是战神阿瑞斯的象征。金星（象征维纳斯）与铜相连，因为二者与塞浦路斯岛（维纳斯的故乡，也是铜矿的产地）有关。

图中的人代表微观，与宏观的宇宙达成和谐。

炼金骗子，生存还是毁灭

冒充炼金士的人主要通过四种方式获得利益：

- 将一根空心的铅棒中填入金粉，并用蜡密封。然后在坩埚中用铅棒搅拌混合物，蜡会融化，金子会流到混合物中。
- 做一根钉子，上半部分用铁，下半部分用金，再用黑色颜料盖住金的部分。确保烧瓶或坩埚中的混合物的水平面不要高于钉子的一半，也就是连接处。用钉子搅动一种能溶解颜料的混合物，或将钉子的一半浸在混合物中。当颜料溶解后，与混合物接触的那部分钉子就变成了黄金。
- 用银和黄金的白色合金做一枚硬币（银少）。将硬币浸入酸中，银会溶解，看起来就像银币变成了金币。
- 在砷中加热铜，然后将混合物冷却，就能得到一种表面为银色的沉积物，这会让旁观者相信铜变为银。

炼金骗子在使出上述手段的同时，会说服旁观的人下注，赌其会不会做出真金白银，然后携款潜逃。

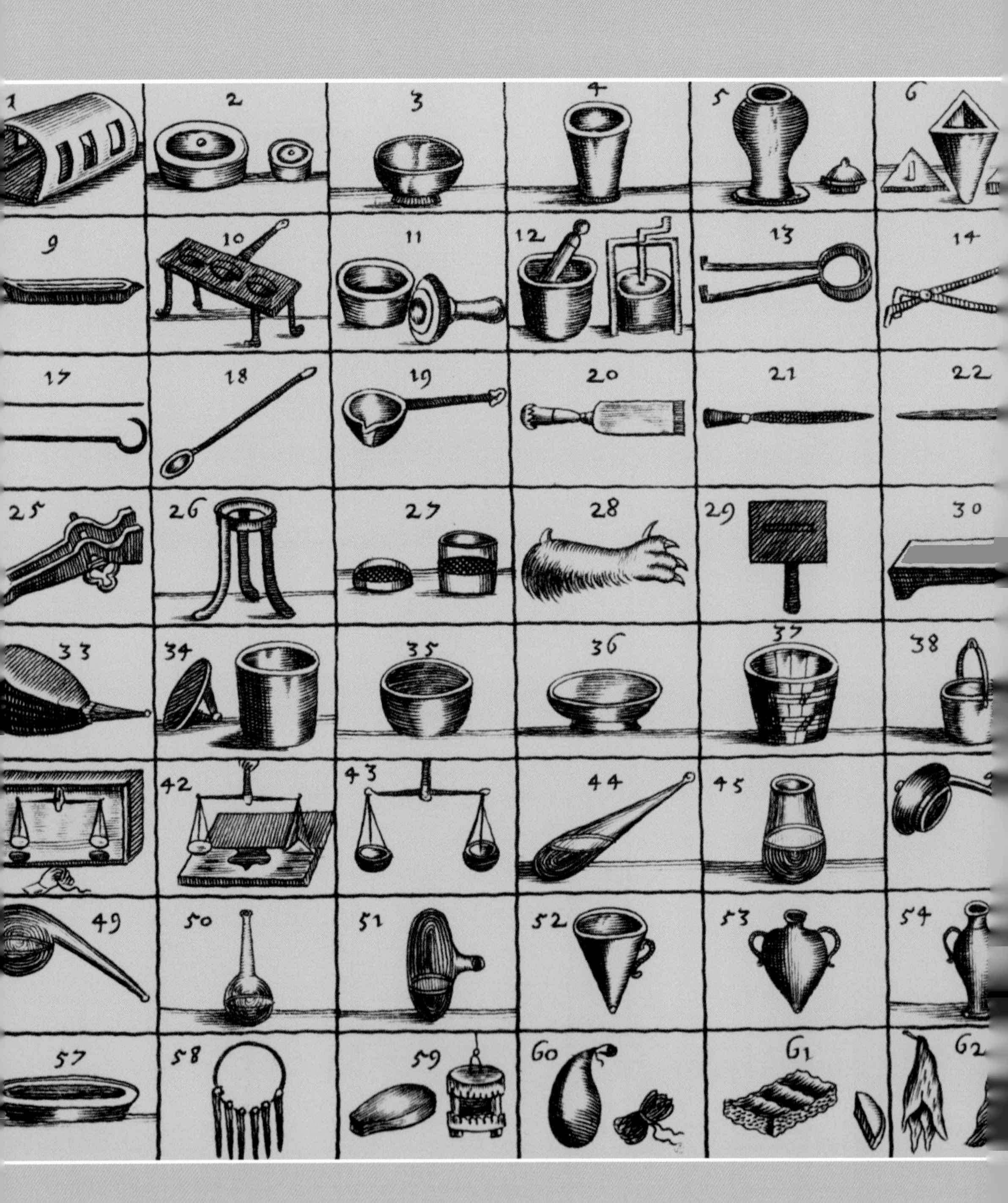

1
2
3
4
5
6
9
10
11
12
13
14
17
18
19
20
21
22
25
26
27
28
29
30
33
34
35
36
37
38
42
43
44
45
49
50
51
52
53
54
57
58
59
60
61
62

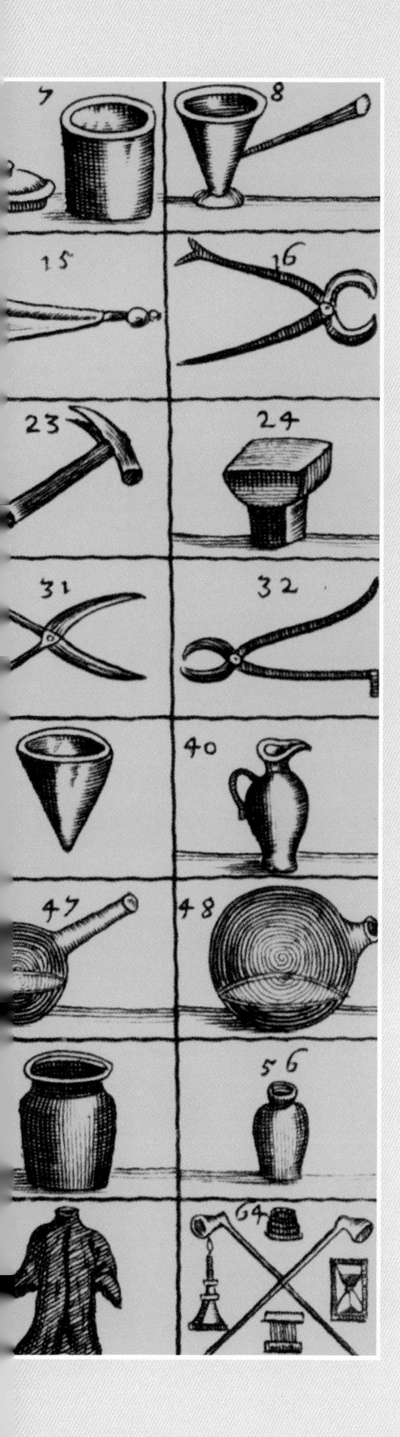

第三章

黄金和黄金时代

许多人说炼金术就是制造金银。对我来说，找出药物中蕴藏的价值和力量才是炼金术的目的。

——帕拉塞尔苏斯，1493—1541

中世纪结束时，炼金术与宗教间的关系复杂，但它作为一门科学的地位没有改变。在后面的几个世纪中，炼金术维持着最高成就，但最终在科学界让位给现代化学。

约翰·比彻（1635—1682）将实验用品列成一个清单，试图打造一个“可携带的实验室”。另外，比彻还设计了一个由几部分构成的便携式火炉。这些物品中，只有熊掌与现代化学毫无瓜葛。

文艺复兴：炼金术的重生

文艺复兴是人类才智的重新振兴，始于14世纪的意大利，并于接下来的一个世纪影响了整个北欧，在15、16世纪达到顶峰。文艺复兴复苏了人类对学术的兴趣，使人类增长了对自身力量和能力的信心。从实践的发展到欧洲发现新大陆，许许多

米开朗琪罗形象地绘出了上帝创造亚当，并赋予他乐观精神与潜质的过程，表现出文艺复兴时期的特色。

炼金著作的翻译

在15世纪晚期，伟大的意大利人类学家和哲学家马尔西利奥·费奇诺（1433—1499），首次将柏拉图的全部作品和《赫尔墨斯文集》翻译成拉丁语。后者包含14个主题，其中包括赫尔墨斯与门徒关于炼金的对话。在翻译的过程中，费奇诺发现这些作品创作的年代应该早于它们当时被认为的年代，也许是在埃及时期，在柏拉图出现之前。一些现代学者认为，书中人物的确在更早的文献中出现过，但《赫尔墨斯文集》属于2—3世纪希腊—罗马统治下的埃及艺术作品。

马尔西利奥·费奇诺翻译了柏拉图的作品，对15世纪欧洲文化产生了巨大影响。

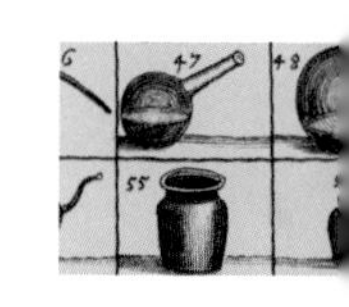

多的成就增强了人们的信心。

15世纪40年代或50年代初期，活字印刷的发明使书写材料的传播更自由，数量激增，让学术比之前更容易也更快地普及。不可避免的是，在这些书中关于炼金术的文章也迅速传播开来。炼金术很快就迎来了“黄金时代”。

> 这个世纪就像一个黄金时代，重新点亮了几乎消失的艺术自由：文学、诗歌、辩论、绘画、雕刻、建筑和音乐……这是一个几近完美的世纪。
>
> ——马尔西利奥·费奇诺，1492

在学术和炼金术上，人们都无法抵制吸引恶魔帮助的诱惑。就像传说中的浮士德，他为此付出了代价。

回归基本原理

炼金术的基本原则在黄金时代初期仍基于亚里士多德和阿拉伯学者的理论，这些原则涉及物质的性质，以及这些性质是如何自然地出现和发生变化的。到了16世纪，从古时候流传下来的智慧最终受到了很多实践科学方面的挑战，这其中包括药学、解剖学和“自然哲学”（非医学科学的总称）。但在大部分时期，炼金术仍旧免于接受批判性审查，至少在17世纪前是这样的。炼金术的基本理念来自地质学的古老理论（几百年或上千年地壳中金属的生成）。从观察或调查到挑战其可靠性都找不到撼动它的证据，因为解剖学、生物学和物理学都包含炼金术的基本理念。转换的概念是基于理性思考之上，而不是一厢情愿，只不过这个论断是错误的。

天使和引导石

即使长久以来的探求都根植于同时代的可靠科学，但炼金术仍摆脱不了迷信的部分。实践科学和超自然这两个概念在当时没有明显的区别。那时做事前要严肃认

上帝的视角

意大利学者吉安巴蒂斯塔·德拉·波尔塔（1535—1615）认为上帝的创世原则可以在实践中帮助炼金士：

蒸馏是利用物质间不同的性质将它们分离，其中需要用到蒸发器和接收器。如果物质蒸气的体积会变大，就需要更大且底部较低的蒸发器，以及容量更大的接收器。但如果物质炽热稀少，就需要一个带颈的蒸发器，这个颈要又长又细。中间性质的物质则需要尺寸中等的蒸发器。所有勤劳的手艺人都可以通过对生物的模仿轻易做出这些容器。大自然中那些性情暴躁的物种都有着粗壮的身体和短短的脖子，如狮子；这表明涨出的体液会从大体积的容器中排出，而厚重的部分会留在底部。但像鹿、鸵鸟和长颈鹿这种温顺的动物，有着纤细的身体和长长的脖子；这说明稀薄细弱的气体会从细长的通道钻出，然后可以对其提纯。

真地考虑星象问题，以至于一些事务的开展或材料的收集都要在月亮的特定时期或行星为某种排列方式时进行。人们认为观星和运用正确材料具有同等的科学效力。

炼金士不仅从纸质文献上寻求专业建议，还寄希望于神灵。在尝试之前，炼金士会先祈祷获得灵感或帮助，这在那时已经很常见了。任何一个明智的炼金士在开启新的尝试前都会先请求上帝的帮助。就连17世纪的化学家罗伯特·波义耳也宣称自己是在上帝的旨意下尝试制作贤者之石的。既是科学家也是巫师的约翰·迪伊，据说在占星师爱德华·凯利和“引导石”（可以用来和天使对话）的帮助下曾求教于天使。

尽管博学家和科学家阿塔纳修斯·珂雪（1602—1680）警告人们，当炼金的合法尝试失败时，不要求助于魔鬼，但有时天使与魔鬼仅有一步之遥。

进入商业

关于制作贤者之石的原始成分一直存在争议，但对制作过程却保持一致态度。到了17世纪，许多炼金士认为有机物比如血液和尿液不适合用作原材料，而金属和

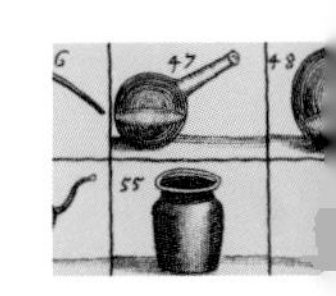

矿石是通用原材料。无疑，炼金士几乎尝试了所有原材料。

制作贤者之石的过程相对简单，尽管已有记录通常会省略细节方面。先将选择的材料放入细颈烧瓶后，再将颈部玻璃融化以密封。鉴于烧瓶在贤者之石生成过程中起到的作用，它也被称为“蛋”。烧瓶需要在恒温下加热很长时间，大概得有几个月。在温度计发明之前，在构造简单的加热炉上加热这么多天绝非易事。而且这样做也不安全，因为密闭的玻璃容器很容易在加热中爆炸。在不严重的情况下，爆炸只会将环境搞得一团糟，严重的话会造成伤亡。正如吉安巴蒂斯塔·德拉·波尔塔所说，“加热会导致物质膨胀，它被困在狭小的体积中，就会找其他出口，然后容器就会碎成碎片（碎片会因强烈的爆炸飞出而伤到周围的人）”。

在很长时间的加热后，“蛋”中的成分会变黑，表明转化的第一步已经成功完成。然后初级贤者之石会显示出各种各样的颜色，所以这个阶段常被称为“孔雀的尾巴”。之后它会变成白色。炼金士这时会打破密闭的烧瓶，然后将转化剂加入混合物中以制备银。接着继续加热这个“蛋”，直到混合物颜色变深成黄色甚至深红色为止。炼金士从烧瓶中将它拿出，与金和水银混合，最终生成一个致密、易碎、深红色的贤者之石。

一单位贤者之石可以转化10倍于自身重量的基本金属。炼金士通常先熔化基本金属，或者将水银加热至沸点，然后放入一小块重量为金属的十分之一的贤者之石，继续加热。坩埚里的混合物就会逐渐变为熔化的金。炼金士还可以通过将贤者之石与水银混合加热的方式进行提纯和浓缩，贤者之石会再次经历颜色的变化，最终增加10倍的转化能力。

炼金术是一门火爆的生意，但不好做。这幅图描绘了1532年的一间炼金作坊，清楚地展示了炼金士的大量设备，其中一些从阿拉伯时期就没有变过。

这幅19世纪的画作描绘的是约翰·迪伊为伊丽莎白一世进行实验的场景。

这个过程可以无穷尽地重复下去。能力最强的贤者之石据说是约翰 · 迪伊在一个墓室里发现的，其可以转换自身重量272330倍的基本金属。即便真有贤者之石，这个转换量也太夸张了。这意味着炼金士用0.01克的贤者之石，就可以转化2.7千克的基本金属！真是个惊人的奇迹！

关于贤者之石对转换的影响有各种解释，人们认为其在某方面是自然之物，是基于物理或化学原理形成的，而不含魔法或精神方面的内容。反对者则认为这个过程中有魔法参与，但炼金士非常清楚他们只是利用了转换的自然力量，就像葡萄汁可以变成酒，或为了烘焙而将没有发酵的面团发酵那样。这个过程十分复杂，但在炼金士的眼中，贤者之石不是一种神秘和超自然的存在。

炼金术和医药

当大多数炼金士忙于研究转化剂时，另一些则在研究药物。

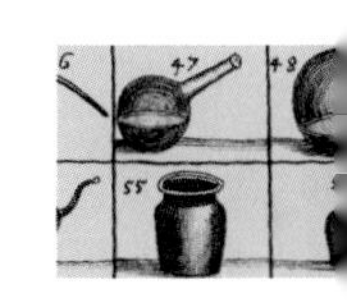

药物化学家和化学疗法

瑞士医生德弗拉斯特·博姆巴斯茨·冯·霍恩海姆，又叫帕拉塞尔苏斯（见60页）为炼金术开辟了一个新的发展方向。他将炼金术扩展到适于用整个世界观，其中所有事物的发生都要通过化学作为转换的媒介。他把上帝视为所有化学家的老师，把自然界中物理和生物活动视为根本性的化学活动，包括矿物的形成，植物的生长、繁殖和消化的过程以及天气的变化。他甚至认为最终的审判日不过是一场化学的狂欢。

被时间封存

位于布拉格（现属捷克共和国）的一间曾为哈布斯堡王朝的皇帝鲁道夫二世服务过的炼金作坊，在1697年法国侵略时被封存起来，直到2002年才重现人世。当时洪水冲倒了犹太区最古老的一栋建筑的墙面，露出了通往地下作坊的台阶，在里面人们发现了一个密封的装有炼金药和一些文献的盒子，还有仪器设备。这个地下作坊建于10世纪。对其中遗留下来的炼金药分析后发现，其包含77种草药和香料。

化学和人体

帕拉塞尔苏斯对金属的转换不感兴趣，甚至批评那些想成功转换金属的炼金士。但他十分看重那些炼金士用来做药引子的化学成分。

帕拉塞尔苏斯发明了“spagyria”这个术语，用来描述精炼和提纯的过程——分离和重组物质成分。这个过程包括加热使物质的三种基本元素（水银、硫黄和盐）分开，然后将这些成分重组，弃去已经分离出来的杂质。帕拉塞尔苏斯坚信通过这种办法，毒药也可以被纯化，因为毒性都存在于那些杂质中。他将精炼除杂原理称为“分离”（Scheidung）。他认为，这一过程有利于将化学家的工作在精神层面与上帝的工作比肩，提升了化学家的价值。

帕拉塞尔苏斯坚信化学治疗的功效，开创了化学疗法这一新领域。传统医生完全依赖于有机药物，反对帕拉塞尔苏斯的无机方法，但越来越多的医生开始接纳他的观点。两个立场之间经常公开发表反对意见，展开竞争。传统医生对帕拉塞尔苏

斯对水银和锑这些有毒物质的延伸使用颇有微词，认为这些物质很危险。只有当法国国王路易十四被一种含锑的催吐药治好了病时，巴黎医学院才接受了锑的使用，因为他们别无选择。

体液和化学的平衡

帕拉塞尔苏斯在很多方面都走在了那个时代的前面。他认为，健康依赖于微观人体和宏观自然的平衡与协调。这不是一种精神层面的协调，也不是希腊医师盖伦说的体液平衡（帕拉塞尔苏斯认为这非常荒谬），而是矿物质和其他化学物质的真实平衡。这种平衡如果被打破，可以凭借包含有人体缺乏的化学物质的药物来恢复。

帕拉塞尔苏斯

帕拉塞尔苏斯生于瑞士，曾跟随父亲学习药理知识。后来他游历欧洲各地，很少在一处定居很长时间。在游历过程中，他收集了很多药学经典学说，从赤脚医生、接生婆、吉卜赛人和算命的（传统内科医生最瞧不起的那类人）那里学习医疗知识。他创立了受世人瞩目的化学疗法领域，用矿物制药，而不再依赖传统的草药，但某些矿物质是有毒的。

帕拉塞尔苏斯不承认当时大部分药物的药效，公开驳斥罗马医生盖伦和阿维森纳的学说。他被任命为瑞士巴塞尔的药物专家后，公开烧毁这些医学经典，还通过演讲侮辱这些人。演讲时，他没有用拉丁文，而是用的母语（德语）。

尽管帕拉塞尔苏斯的化学实验拥有高度实践性，但他在其中仍加入了许多玄学和占星的知识。科学和玄学的结合使他的书非常难懂，而且他坚持占星对化学的影响，使他与同时代的人更加疏远。

帕拉塞尔苏斯是一个很难评价的人，极度傲慢、富有争议，非常有攻击性，对反对他新观点的人非常粗鲁。但他拥有巨大的影响力，他的观点——人体是一种化学系统，最终成为医学典范，一直持续至今。

具有煽动性和创新性的帕拉塞尔苏斯在16世纪科学界拥有巨大影响力。

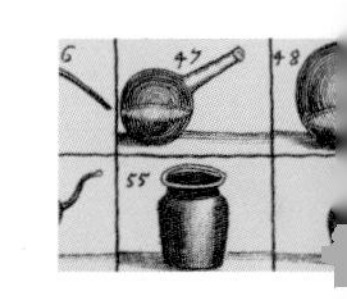

希腊医师盖伦根据诊断体液是否平衡的方式治病，例如用热水洗澡提高人体的温度和湿度、放血以减少体内血量，以及用催吐的方式去除胆汁。每种治疗方法都用于许多不同种类的疾病。帕拉塞尔苏斯对每种疾病采用的方法都有细微差别。他强调药物中有毒成分的使用，包括水银和砷化物，但也因此害了不少人。

一个装水银的意大利药罐，用来治疗梅毒和瘟疫（很少成功）。

帕拉塞尔苏斯通常以植物和矿物为原材料制备药材，但植物原料经化学处理只生成一种浓缩剂，剂量非常少。他主张药物民间化，他说："我不怕向流浪汉、屠夫和赤脚医生学习。"尽管他热衷于观察和实验，但他也相信神灵、守护神和精神力量。

帕拉塞尔苏斯获得过很多显著成就，这其中就包含用水银治疗一种当时新出现的疾病——梅毒。梅毒是由一种螺旋菌引起的疾病，梅毒螺旋体可以被水银杀死。尽管帕拉塞尔苏斯不太了解这种治疗的机理，但对病人来说这种治疗方式既有效也危险。帕拉塞尔苏斯的其他创新包括，认为保持伤口的洁净可以抑制感染（在那时这被当作一种激进的方法），以及疾病是由外界的诱因引起的，而不是体液不平衡的结果。

试试看——一种用锑制备的药

专注于药物合成的化学家通常会留下很精确的操作方法。尽管有时他们也像炼金士那样神秘地做事，但他们不会轻易放弃自己制药的初衷。化学史学家劳伦斯·普林西比成功地按照《凯旋战车锑》一书中的配方制出了药。这本书于1604年出版，由一个叫作巴西尔·瓦伦丁（可能是个假名）的人写成。这本书解释了如何去除锑的毒性好用来制药。锑是一种准金属，炼金士和化学家都对它很感兴趣，也许是因为它有金属和非金属的双重特性。

《凯旋战车锑》这本书先记述了辉锑矿（一种含有锑的矿石），然后记述了如何制备黄色“呈玻璃状的锑”，以及进一步加工一种红色液体，得到含硫化锑的药物。普林西比照着瓦伦丁的指示将矿石磨成粉，再一直煅烧到变成灰色，然后把产物放到坩埚里熔化，最后将其倒出得到一种黄色的玻璃状物质。但实验失败了，矿粉确实生成了灰色物质（锑被煅烧形成氧化物），但下一步只生成了一个灰色的块状物。大量尝试后，普林西比将瓦伦丁的实验进一步细化，用东欧的辉锑矿（瓦伦丁指定用匈牙利的）为原料并取得了成功。分析显示，东欧的辉锑矿包含一些石英。普林西比用最初使用的辉锑矿再一次尝试，但往里面加入了一撮石英，也成功制备了黄色的玻璃状物质。瓦伦丁的配方是真实的，但产物还是有杂质。

接下来就是将玻璃状物质碾成粉，用醋分离，得到红色溶液。普林西比再一次发现除非使用东欧矿石，不然实验依旧会失败，溶液会显出浅粉色。通过大量分析发现，原始矿石中含有铁。瓦伦丁其他文章的内容表明，他煅烧锑和制备锑溶液都用了铁制工具。当他搅拌溶液时，工具中的铁进入溶液，沉积下来，使溶液变红。普林西比加入铁后也得到了同样的结果。

这个方法最后的步骤就是煮沸红色溶液直到黏稠，然后将其溶解到乙醇中分离出药液。瓦伦丁在文章中明确表示有毒物质会留在不溶物中，药液会比较甜而且无害。事实也是如此，锑的化合物不会溶解在乙醇中，不溶物的部分会被丢弃。最后的药液实际上就是醋酸铁，有甜味且无毒无害。瓦伦丁的锑药可以根据他记述的配方制备出来，但书中从始至终没有提到“锑”这个字。

辉锑矿（Sb_2S_3），一种由锑和硫组成的矿物。

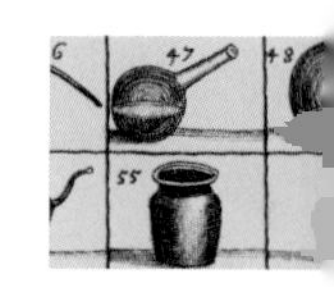

医学之外

大多数现代医生为了保护生命在药物使用方面设置了很多限制。但炼金士在对待生命的问题上显得更有“志向”，尝试使已死的生物复活或人造生命。

起死回生

在16世纪和17世纪，人们仍旧普遍接受自然发生说：蛆、虫子、苍蝇，甚至蛇和鳄鱼都是由泥巴、腐烂的事物等自发生成的。那时的人相信，炼金士把有毒的物质按照正确的组成和条件混合，就会生成更高级的生命；或者植物和动物死去后，他们可以将它们本身或与它们类似的生命复活。但教会对此持强烈的反对意见。

一些炼金士还曾研究过小矮人（传说中类似人的小生物）。帕拉塞尔苏斯（或者他的追随者之一）于1537年在《物性论》中描述了制作小矮人的过程。具体方法是，收集一些人的精液，密封在相当大的玻璃烧瓶（满足侏儒成长需要）中，然后将其放在满是马粪的恒温槽中40天，直到开始凝固。之后再给它喂40天人血，继续保持温暖的环境。小矮人是否天生就有艺术天赋存在争议，帕拉塞尔苏斯认为其需要教育。把小矮人放出来太长时间他就会死，所以一般都放在罐子里展示。

在这幅画中，炼金士的实验室里出现狮子吞蛇并不代表异国情调或饥饿的宠物，其由古代寓言而来，暗指炼金术。

秘密，真相和欺骗

关于制作小矮人、金属转化为黄金以及让人变健康的转化剂的实践，都饱受争议。炼金士利用它们骗人，反对者利用它们公开控诉炼金活动是违法的。这些活动的神秘性对掩盖真相和掩盖欺骗产生了均等的影响。

神秘的记录

在混杂着敌意和好奇的气氛中，炼金士继续用神秘和模糊不清的方式，即用一

没有炼金术知识，不可能解密出图中记述的方法。

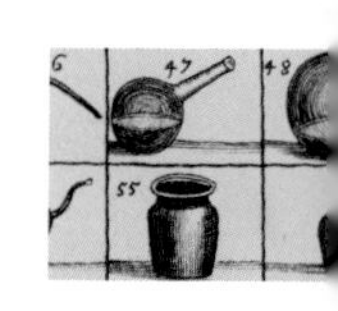

系列符号、特殊的专有名词、编码和隐喻等方式记录着他们的工作。这不只保护了他们，而且有助于塑造炼金术神秘和排他的氛围。他们用晦涩的语言作为排斥社会的工具，并向有才之士发出信号，吸引他们加入炼金士的队伍中来。

错误的道路

早在阿拉伯炼金士时期，就有把信息分成若干部分保存在不同地方的传统。只有那种真正献身于炼金术的人才会追寻到所有的部分并将它们重新组合，但偶尔也会在无意中发现某些散落的部分。

金属和神圣的人体拥有同样的代表符号，这些符号在炼金术的书中被广泛使用。通过对金属拟人化，将其替代为合适的人体部分，很容易构建寓言故事或图像。

随着西方绘画的发展，用寓言和暗喻掩盖炼金术的知识有了新的转变。印刷的书籍中含有的插图越来越多，一些书还以图片的形式解释了炼金过程和理念。这些炼金图片的内容通常是性交，代表一种将原始中截然不同的物质混合后产生新物质的理念。这太荒谬了，难道炼金士看了这些荒淫行为的图片后不会产生额外的兴奋?

神秘的炼金

用寓言写就的炼金故事通常配有神秘的插图，如今已很难看懂这些故事了。它们都充满过于晦涩的语言，要么故意混淆作者的操作过程，要么表达得非常模糊不清。但也有人曾成功破译这些晦涩的文字。

普林西比，一个以炼金术为基础制作药物的人，也曾尝试破译瓦伦丁《伟大的石头》一书中的文字和图片。这本书把炼金成功的秘诀形容成12把钥匙。每把钥匙都是制备贤者之石过程中的一个阶段。书中一个神秘的故事交代了一把钥匙的来龙去脉，其中代表金、银和其他化学物质的名词都在频繁变换，还配有神秘的木刻

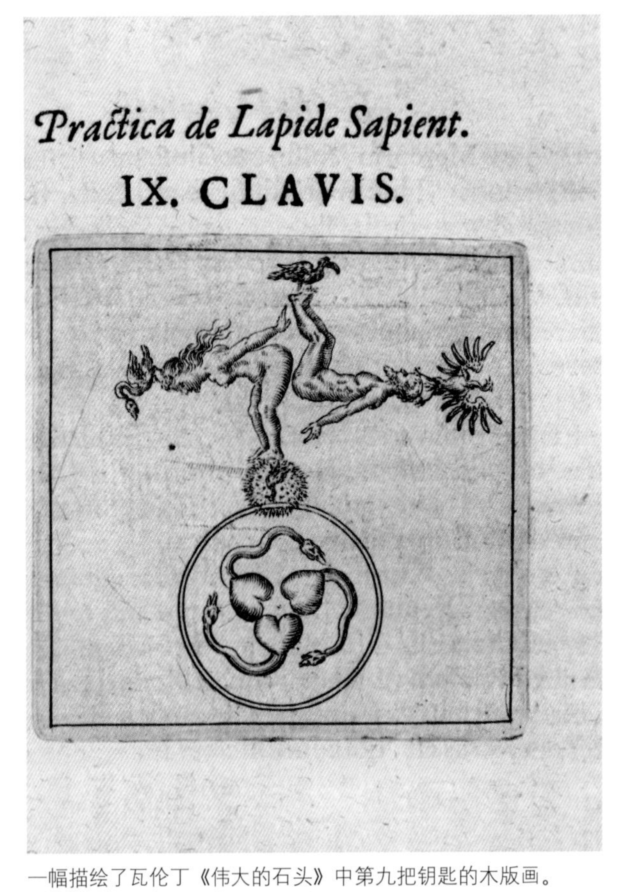

一幅描绘了瓦伦丁《伟大的石头》中第九把钥匙的木版画。

画。普林西比弄明白了这些模糊不清的操作方法，比如“当‘饿坏了的灰狼’狼吞虎咽地吃掉国王后，生一堆火，将狼扔进去，让它浑身烧着”。他把这些语言变为具有实践性的实验表达。也就是说，金子（国王）被扔进熔化了的辉锑矿（狼）中，被溶解（狼吞虎咽地吃掉），然后继续加热混合物。由于金子能融在熔化的锑中，所以书中描述的“当狼烧着以后，国王会重新出现”，代表熔化锑后可以发现金。这些神秘的表述成功地向无知的人隐藏了化学知识，但也是人类早期化学实践的开始。这些描述的过程来自一些技术的细心实践，比如金的提纯，即使是在一些设备齐全的现代实验室中，它们也是很难达到的。

炼金士当然没能制备出贤者之石。所以，即使瓦伦丁和许多人都声称做出过贤者之石，好多人也相信他的方法可行，但他的方法无疑是行不通的。可许多人仍相信转化是可能实现的，使贤者之石成为都市传说。有许多炼金成功的故事流传下来，导致人们认为欧洲博物馆中展示的用黄金铸造的奖章和古币是炼金术得到的，而且那些古代碑文也是如此记录的。

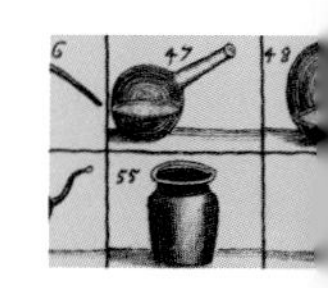

欺骗和失败

瓦伦丁的方法使一些炼金士陷入无价值的尝试。在一些骗子声称用瓦伦丁的方法取得了成功后，许多炼金士也开始相信通过他的方法可以制得黄金，只要他们能得到必需的材料、配方和工具。炼金士开始与这些骗子签约，但最后发现骗子的配方根本不起作用，却找不到骗子索赔。尤其在德国，炼金士不但被骗，还被当成骗子处决了。即使炼金士无意欺骗，但失败就意味着欺骗，惩罚就是死刑。

华美的长袍和金色的绞刑架

直到18世纪，大众依旧相信炼金和制出贤者之石的可能。一位意大利农民多梅尼科·卡埃塔诺（1667—1709）学会了冶金和变戏法，于是冒充一个有重要官职的德国人行骗。他声称自己发现了一本书，里面解释了如何制备贤者之石，然后他就用贤者之石表演炼金。当时人们非常相信他，使他在布鲁塞尔大赚一笔。卡埃塔诺最终还是被抓了起来并被判了六年刑，但他设法逃走了。后来他又对丹麦和挪威国王弗雷德里克一世做出了很多轻率的承诺，并为其制备了大量贤者之石，之后怕事情败露想要逃走，却被抓住并处以极刑。卡埃塔诺穿着一件金闪闪的长袍，被吊死在表面镶着黄金的绞刑架上。为了庆祝他的处决，当时的人还专门做了一枚黄金纪念章。

第四章

从炼金术到化学

虽然万物都是先有因后有果，但我们却要从结果中寻找原因。

——列奥纳多·达·芬奇，1452—1519

17世纪和18世纪，化学开始从炼金术中分离出来。炼金术根植于哲学和理论，而化学更强调物质世界的基础和实验。由此，化学终于成为一门独立学科。

本图绘于1638年，用魔鬼表示化学家实验室中那些不可思议的转化。

科学的方法

亚里士多德是第一位预测我们应该依赖感觉去理解周围世界是如何运转的理论家。不过，人们更推崇他的具体结论而忽略了他对经验方法的肯定。后人的观察和实验并没有推翻亚里士多德的错误理论。相反，否定包括亚里士多德在内的这些权威的证据，被人们怀疑、误解和曲解。可见，从过去的束缚中解放科学，任重而道远。

天文学家第谷·布拉赫在1572年观察到一颗新星，挑战了天体不变的理念，开辟了现代天文学的发展道路。这颗星星是一颗超新星（SN1572），它随后就消失了。

科学革命

文艺复兴早期，科学主要以经典理论为基础，如希波克拉底、恩培多克勒、亚里士多德、盖伦和托勒密。但16世纪开始有所变化。解剖学家安德雷亚斯·维萨里率先通过解剖探索了人体。当他发现经典理论和通过实验所看到的互相矛盾后，便开始反驳盖伦的思想。尼古拉·哥白尼和约翰尼斯·开普勒则反对托勒密的地心说宇宙模型。1543年，哥白

归纳法和演绎法

探寻知识及其意义主要有两种方法：要么先从仔细观察开始，找出藏在现象后面的一般规律；要么从哲学或理论出发，照着它们试着解释所观察到的现象。第一种方法就是归纳法，第二种方法就是演绎法。直到16世纪，许多科学检验仍只采用第二种方法。人们自认为现有理念可以很好地解释世界是如何运行的，于是便在这个理念下尝试解释观察到的现象。随着科学方法论的出现，归纳法开始受到重视，人们利用观察和积极的实验收集一般规律的数据，以解决问题。

尼发表了太阳位于太阳系中心的结论；1609年，开普勒证明了包括地球在内的行星轨道是椭圆形的。1572年的超新星和1577年的彗星证明天堂是不存在的，宇宙是存在变化的。1600年左右，显微镜和望远镜的发明永远地改变了我们对世界和宇宙的观察方式。显微镜让我们知道世界由无穷多的看不见的微小物质组成，望远镜可以看到行星的细节，而之前只能看到小小的光点。伽利略·伽利雷（1564—1642）和艾萨克·牛顿（1642—1726）发现、解释和预测了物质世界运行所涉及的数学定律。

这些发现打破了古代权威的理论，甚至否认《圣经》的真实性。这是一个权威遭受质疑的时代，也是一个令人振奋的时代，一场科学革命使已确立的模型和思考方式发生了翻天覆地的转变。

化学中新模型代替旧模型花费了很长时间，炼金术持续繁荣，和新萌发的现代化学并驾齐驱，综合形成了“化学”（chymistry）这个名词。科学革命发生于1550—1700年，但化学的改革开始于这段时期的末尾，在18世纪才最引人注目。因为化学还遗留着炼金术的哲学根基，导致自身发展得很不顺畅，新的发现只能在错误模型的指引下演绎。直到人们从实验结果和观察中得出新的模型，化学才从观念上发生了深刻的转变。

培根的科学

1620年，英国哲学家弗朗西斯 · 培根（1561—1626）奠定了科学方法论的基础。他认为科学家或“自然哲学家”应该用严密的观察和实验过程去检验哲学观点。检验方法应该带有批判性和调查性，而且不能把一个没有通过检验的观点当作真理。培根强调要秉承怀疑精神，但同时代的演绎方法都带有确定性。他在《新工具论》一书中提到这种方法。这本书是亚里士多德的《工具论》的后续，鼓励科学家从观察中得出一般规律。他比亚里士多德走得更远，尽管后者也倡导进行有效实验。

弗朗西斯·培根子爵，科学方法论的创始人。

培根的中心论点是科学应该从猜想开始，再通过规律和重复的调查来证明这个猜想。科学家得出的结论应建立在那些直接支持的证据上。比如，证明冷和湿的条件会使人得病这一论点，就应该将健康的人置于这样的条件中，然后检验他们的健康状况。但即使他们得病了，也不能证明体液理论的正确性，只能说明由于一些未确定的原因，湿冷条件可以致人患病。（这种检验方式很明显是不人道的，而且当时几乎没有有效的治疗手段。因此，并不是所有理论都适用于检验法。）

在欧洲，变化正在发生，人们

牛顿定律

艾萨克·牛顿在《自然哲学的数学原理》（1687）一书中，讲述了四个规则，并认为这些规则能帮助科学家通过观察来处理问题。

- 解释自然界中的事物时，不承认除真实和充分以外的原因。
- 因此，在可能的情况下，对于自然界同样的果，我们必须赋予相同的因。
- 根据实验，如果物体的属性既不能增强也不能减弱，而且为一切物体所共有，则必须将其看作一切物体普遍的属性。
- 在实验哲学中，由现象经归纳而得来的命题，如果没有相反的假想被提出，那么必须视之为完全或近于真实的，除非发生其他现象，使其更加准确或出现例外情况。

思考着千百年来那些已经默认的知识。培根的理念催生了一种组织，使这些对权威和发现的挑战能够得到管理，使哲学家对探寻真理更加有信心，而不用担心得出错误的结论。

学术团体

培根号召建立一个机构，以便根据他的方法促进和规范知识，以及为新科学知识提供一种质量控制机制。很多年以后，到了1660年，伦敦皇家自然知识促进学会于伦敦成立。它就像一所“看不见的学校”，以“别把任何话照单全收，自己去思考真理”为箴言。后来它发展为英国皇家学会（至今仍然存在），成为第一个在欧洲迅速成长的学术团体，管理某些专业领域的知识和专家的行为。英国皇家学会率先将炼金术

第一批英国皇家学会办公室位于伦敦舰队街鹤苑。

和化学分割成两种学科。

炼金术和科学方法论

很明显，炼金术不是从观察现象开始，进而发展到一般规律的。它是从理论开始的，即物质由一些基本元素构成，可以通过元素或特性的添加或移除来转换。炼金术的后续发展都是基于这个理论。转换失败是因为炼金士操作不当或用了错误的方法，而不会对潜在模型产生怀疑。

科学方法论使化学从炼金术中脱离出来。尽管炼金实践没有立即停止，但它们离科学越来越远。炼金术变得更加神秘，化学变得更加经验化。这种分离是不可避免的。

逐渐脱离炼金术

那个时代，一些伟大的科学家在炼金术上投入极大的热情，不认为其与尊重事实的科学之间存在矛盾。

炼金的化学家

化学家罗伯特 · 波义耳（1627—1691）和生物学家、化学家扬 · 巴普蒂斯塔 · 范 · 海尔蒙特（见77页）在传统自然科学上做出了可以比肩牛顿的贡献，但他们也是狂热的炼金士。实际上，牛顿在炼金上花的时间比在物理和数学上的都多，并且写下了总计100多万字的论著。

有一个叫乔治 · 斯塔基（最初叫斯德克）的人极大地鼓舞了波义耳和牛顿。他生于百慕大，就读于哈佛大学，后来搬去英国伦敦，因为那里有很多同僚，也很容易获得化学品。他是个化学家，制备和出售化学疗法（就是用炼金原料治疗）的药

物、香料和化学锅炉，再用这些资金进行他的炼金实验。

斯塔基说他能与一位叫费拉勒德斯的炼金士的灵魂交流，并以后者的名义写书。斯塔基声称费拉勒德斯可以制作贤者之石，还给了他样品。在他的私人信件中，斯塔基公开描述了炼金实验，但以费拉勒德斯为名的书中还是和其他炼金书籍一样用寓言书写。他对波义耳的影响很大，后者是那时候具有引领性的化学家。他与波义耳的往来书信后来影响了包括牛顿在内的很多人。1665年，37岁的斯塔基死于瘟疫，这证明他的化学疗法根本无效。

斯塔基的影响并不是他一个人造成的。在他的笔记中，波义耳记录了一些证明转换存在的例子，这其中包括一个发生在1680年左右的例子。那时，斯塔基请波义耳将红色的贤者之石碎片扔进熔化的铅中，但波义耳谢绝了，因为害怕手发抖把这个珍贵的物质掉进火里。波义耳亲眼见到斯塔基完成这一过程，并证明发生了明显转换。波义耳测试了得到的金属，发现就是纯金，他于是对炼金术坚信不疑。在1689年，他在议会前证实了转换的真实性，希望得到支持，并最终获得了1404张反对撤销炼金术实验的投票。波义耳成功了。将基础金属转换为黄金在1689年的英国不再违法。

波义耳被骗了

波义耳在研究炼金术的过程中并不总是那么顺利。1677年，一个叫乔治斯·彼埃尔·德·克洛泽的法国人到伦敦拜访了波义耳，向他介绍了一个国际炼金术组织，叫作“星群”。在一段时间的通信以及给安提阿教会的代表人寄过礼物后，波义耳被邀请加入该组织。乔治斯代表波义耳参加了在法国尼斯附近的城堡举办的会议。这个组织说自己的团队中有一群奇人，其中一个中国炼金士在玻璃罐中养了一个小矮人（见63页）。但波义耳从来没见过任何一个组织成员。乔治斯骗他说，这个城堡被炸毁，许多成员都死了。后来，波义耳发现乔治斯根本没去过尼斯，但他已经无法将自己有价值的文章拿回。乔治斯死于1680年。

波义耳的科学愿望清单

波义耳列了一个记录着24个愿望的清单。这些他希望达成的愿望，大部分都在某种程度上实现了：

- 延长寿命；
- 返老还童，或部分实现还童，如长出新牙和黑发；
- 飞行的艺术；
- 可以进水下持续作业；
- 远程治疗伤口；
- 远程治疗疾病或通过移植治疗疾病；
- 达到巨型尺寸；
- 不通过机器，人类自身就能赶上鱼的速度；
- 加速各种物质的生产（繁殖）速度；
- 金属的转换；
- 使玻璃具有柔韧性；
- 矿物、动物和蔬菜的种类转换；
- 药酒溶液和溶解其他物质的溶剂（一种具有普适性的溶剂）；
- 制作抛物面和双曲面玻璃；
- 制作既轻又硬的铠甲；
- 找出确定经度的方法；
- 在海上和旅途中可以用来看时间的钟；
- 具有改变或提高想象力，唤醒、帮助记忆和其他功能的有效药物，以及具有减缓疼痛、获得良好睡眠、不带来噩梦等其他功能的药物；
- 一艘可以在任何风中航行的船，一艘永不沉没的船；
- 通过喝茶可以像疯子一样不再需要大量睡眠；
- 通过埃及糖剂或法国作家提到的一种真菌，使人们的梦境和身体锻炼变得舒适愉悦；
- 通过癫痫病人和歇斯底里的人证明人体拥有巨大力量和灵活性；
- 永远亮着的灯；
- 通过拓印的方式涂漆。

波义耳梦想人类可以达成“飞行的艺术”，这点在200年后实现了。

然而，历史的潮流再次发生了转变。在牛顿去世的1727年，英国皇家学会认为将他的炼金工作发表出来不太合适，所以这些著作没有存档，消失了近300年。牛顿应该也不想发表他的这些著作。他在给波义耳的信中写道，需要对炼金术的探索与发现保持“高度沉默”。

转换理论的瓦解

炼金术和化学分道扬镳的标志，是“什么是可能的”这一信念的转变。17世纪，神秘的转换被广泛接受。天主教坚持神圣的面包和酒可以自由转换成耶稣的肉和血。神奇的是，每个天主教徒都毫不犹豫地相信这个观点。埋在地下的金属可以从一种转换成另一种，所以岩石中会出现金子。腐烂的食物和其他物质可以转换成活的蛆、虫子、苍蝇甚至是蝎子和老鼠。食物、水、阳光和土壤每天都在转换成植物和动物。人们坚信这些奇怪的转换是存在的。

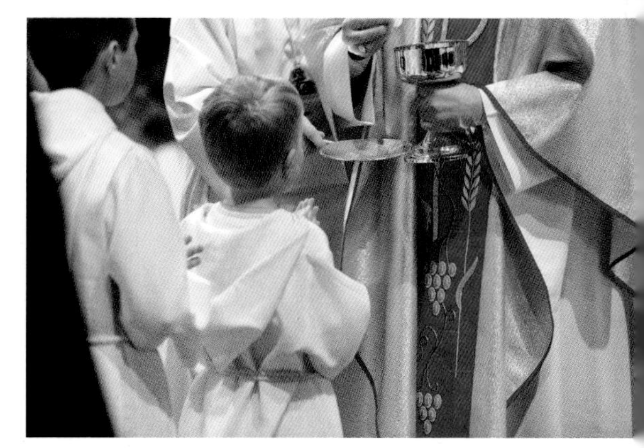

为了表示尊敬，圣餐中用面包代表耶稣的肉，酒代表耶稣的血。

重要的改变到来了，人们利用科学方法论和归纳法来研究这些转换。这些研究最终导致炼金术的毁灭：实验并未发现基本金属可以转换成金子，也不支持炼金术的哲学理论。

范·海尔蒙特之树

一个实验完美地跨越了炼金术和化学的分界线，这是新科学方法出现和旧理论延续的标志。它是由一个叫扬·巴普蒂斯塔·范·海尔蒙特（1580—1644）的佛兰德斯[10]科学家开展的，这个科学家是一位炼金术拥护者。范·海尔蒙特确信物质之源是水，就像泰勒斯2000年前说的那样。他认为当一株植物生长时，水变成了树

范·海尔蒙特之树在科学方法的发展中起到了关键的作用。

皮、叶子、根、种子和其他部位。他还设计了一个实验证明这个理论（当时的理论认为植物只从土壤中获取养料，形成内部结构）。这是科学方法首次运用到生物学中，或者说首次应用到有关生命有机体的化学中。至少，这是人类第一次发表相关研究结果。列奥纳多·达·芬奇虽也用南瓜进行了相同实验，但只在自己的笔记中记录了结果而未发表。

范·海尔蒙特应用科学方法解决问题，着手测试植物的生长只来自于水的理论。这在当时需要冒很大的风险，1634年他被逮捕了，因研究植物和其他自然现象而受到西班牙宗教法庭的审判。

实验过程中，他先对柳树幼苗称重，然后又称了许多干土。他把幼苗种在罐子里，盖上盖子以免其他东西被吹进罐子，并按时给幼苗浇水。细心照料五年后，他小心清空罐子，移除树根处的土壤，再次对土和树称重。树增长了74.3千克，但土壤只损失了60克。因此，他认为树不是由土转变的，而是由他所提供的水转变的。

海尔蒙特的结论是错的：水对于植物很重要，但构建它们化学大厦的“砖”主要来自空气中的二氧化碳和土壤中的少量营养物质。海尔蒙特的另一个成就恰好就是发现了二氧化碳（见106页），但他没料到这种气体提供了植物生长所需要的大部分物质。尽管在细节上是错的，但海尔

范·海尔蒙特。

> 通过这个工具，我已经知道所有植物是直接从水这个单一元素转化的。我在一个土罐里放了200磅（90.7千克）事先在炉子中烘干的土。我用雨水将其打湿，再种上一株重为5磅（2.3千克）的柳树苗。五年后，树长大了，重169磅又3盎司（76.6千克）。土壤始终用雨水或蒸馏水浇灌保持湿润。用一个打了许多孔的镀锡铁盖子盖住罐子边缘，避免空气中的尘土与土壤混合，污染土壤，但水可以通过孔洞浸润土壤。我没有一直称量叶子的重量，因为它们在每个秋天都会落下。最后，我再次将罐中的土壤干燥，发现其差不多还是200磅，只少了2盎司（60克）。因此，164磅（74.3千克）的树干、树皮和根仅从水中转化而来。
>
> ——扬·巴普蒂斯塔·范·海尔蒙特，《医学起源》
>
> （于海尔蒙特死后1648年出版）

蒙特正确地总结了植物进行分解和合成所需的物质。只不过，人们在很久以后才知道植物体内发生的真正的转换是怎么回事。

现代化学的诞生

罗伯特·波义耳于1661年出版的《怀疑的化学家》一书，明确地标示出现代化学的诞生。波义耳对于化学就如哥白尼对于天文学、维萨里对于解剖学。波义耳将化学从已被广泛接受的“古训沼泽”中解救出来，他认为很多事情并不像所有人相信的那样。

化学和怀疑主义

《怀疑的化学家》是以五个朋友关于物质结构的对话形式呈现的。波义耳按照传统经典设计辩论，但他的论点（见80页）推翻了它。书中人物认为，所有物质都

波义耳的命题

命题1

以下假设并不荒谬，在结合物的最初分解产物中，实际上是一些具有不同大小和形状的颗粒。这些颗粒是物体所包含的普遍物质，且处于各种各样的运动中。

命题2

这些颗粒中最小的、相邻的粒子，有可能互相联结形成微小的团状物或簇状物。而且，通过这种联结，它们构成的微小的第一凝结物或团状物不容易分解,并且数量众多。

命题3

我并不是全然否认，大多数带有动物或植物特性的结合物可以用火分解成某一确定数量的不同物质。

命题4

也许可以称那些来自于结合物的或构成结合物的物质为元素和要素。

THE
SCEPTICAL CHYMIST:
OR
CHYMICO-PHYSICAL
Doubts & Paradoxes,
Touching the
SPAGYRIST'S PRINCIPLES
Commonly call'd
HYPOSTATICAL,
As they are wont to be Propos'd and
Defended by the Generality of
ALCHYMISTS.
Whereunto is præmis'd Part of another Discourse
relating to the same Subject.

BY
The Honourable *ROBERT BOYLE*, Esq;

LONDON,
Printed by *J. Cadwell* for *J. Crooke*, and are to be
Sold at the *Ship* in St. *Paul's* Church-Yard.
MDCLXI.

波义耳《怀疑的化学家》一书的出版，在化学史中是一个关键点。

是由微小粒子构成的；这些粒子可以形成基本元素；这里的元素既不是希腊人所认为的，也不是帕拉塞尔苏斯所说的；我们看见的所有物质都是混合物，我们看不见里面纯净形式的元素。

《怀疑的化学家》中的观点为现代化学的发展打下了基础。尤其是它与土壤、空气、水和火这四种元素的分离打开了发现真正化学元素的大门。波义耳定义了不涉及任何特定物质的元素：“就像炼金士的哲学理

论简述的一样，我所说的元素也是一种初级的和简单的，或者说完全纯净的物质。这些物质不是由其他任何物质构成的，它们是迅速构成完全混合体的成分，也是完全混合体分解后产生的最终成分。”

不知道什么是元素，也不知道它们如何结合，也可以理解这个定义。它也打开了化学的两种基本活动的大门：制作化学混合物或化合物（化学合成）以及发现化学混合物或化合物的组成。

旧元素和新元素

罗伯特·波义耳把化学家从传统桎梏中解救出来，使真正元素的发现成为可能，使研究物质如何反应和相互反应不再受到传统理论的限制。然而，新元素的发现过程仍然充满艰辛。

人们不再认为空气、水、土壤、盐甚至非物质的火是元素，可以组成物质。炼金士曾认为水银和硫黄是金属的物质成分，而现在已知它们是元素。那么，新的元素列表是怎么形成的呢？

建立一个新列表

从史前开始，人们就知道了一些元素，尽管那时对它们的认识不像现在这样具体。金、银、铅、水银、锡、铜、硫、锑、砷、铋和锌是古文明时期就已知的元素（尽管

铋晶体的表面在空气中会形成彩虹色的氧化层。

1771年由德比的约瑟夫·莱特绘制的《寻找贤者之石的炼金士》一画中，再现了布兰德发现磷时的惊讶表情。

并非所有的文明都知道它们）。人们虽然知道铋，但总是与铅和锡混淆，直到1753年其才被确立为一种独立的元素。

在这之后，直到18世纪，人们只发现了一种新元素。这也是第一个通过化学实验发现的元素，它就是磷。在《怀疑的化学家》发表八年后的1669年，一位德国炼金士亨尼格·布兰德发现了磷，但他当时并没有将它确认为一种元素。

布兰德收集了很多尿液（据说他收集了约7000升），用在自己的炼金实验中。早在莱顿和斯德哥尔摩莎草纸文献中，尿液就是一种炼金过程所必需的成分，所以这没什么奇怪的。布兰德只做了一件别人没有做过的事情，就是将一瓶尿液煮沸，直到成为厚重浓稠的状态，然后放置几个月，再将它与沙土一起加热，收集包括气体和油滴在内的逸出部分。剩下的部分会凝聚成一种白色固体——磷。最初，布兰德以为他发现了贤者之石。因为磷在氧气环境下会发光，而且形成的场面相当壮观，使布兰德以为是奇迹。其实，这种光是元素氧化物释放出的能量。

正如大部分炼金士那样，布兰德对他的方法守口如瓶，甚至在他意识到磷不是贤者之石以后也没发表自己的发现。他把制作方法卖给了几个人，包括德国哲学家和数学家戈特弗里德·冯·莱布尼兹（以独立于牛顿建立微积分著称[11]）。一些人在布兰德死后，于1737年将他的秘密卖给了巴黎的科学院，才使得其方法得以公开。

越来越多的金属元素

发现磷之后又过了60年才发现了下一个新元素，但之后，元素的发现变得密集且迅速。1732年，瑞士化学家乔治·勃兰特发现了第一个新的金属元素。作为乌普萨拉大学化学系的教授，勃兰特证实在玻璃中出现的蓝色是由金属钴产生的。人们几千年来在无意识中把钴化合物用在釉料和陶器上。18世纪化学家认为这个颜色是铋造成的，因为铋和钴通常发现于同一种矿物中。钴作为一种元素，它的特性直到1753年才被证实。

勃兰特对于他的发现中存在完全对称性感到非常满意：他相信包括钴在内世界上有6种真正的金属，还有6种部分金属（即我们现在说的准金属）。但这个对称性很快就被打破了。

铂作为一种新金属命名于1748年，镍命名在1753年，镁命名在1755年。就像钴一样，一些元素早已被发现且使用过，即使它们没有被确定为金属。意大利物理学

一些生物有机体可以用化学发光——从一个化学反应中生成光。

家朱利斯·凯撒·斯卡利杰在1557年首次对铂进行了描述，当时它混杂在一块南美的黄金中。一些炼金士有可能也发现了铂，有些记录在无意识下描写过一种金属：它和黄金一样重，也不和普通的酸反应。铂非常符合这种描述，它有含量少、不容易发现的特性，多被炼金士看成黄金中的杂质。

镁的发现

在最早一批被发现的金属元素中，镁是最后一个。在1618年的一场洪水中，一个叫亨利·维克的英国农民发现，他的奶牛不愿意喝萨里郡爱普森的一个水眼中的

在喝水这件事上，牛通常不是很讲究，所以当维克的牛不愿意喝一个特定的水眼中的水时，这个问题便引起了他的注意。

水。奶牛一般不是很讲究，特别是渴的时候，所以维克调查了一下水眼中的水。其不仅尝起来苦，还能治好瘙痒和疹子。这种“爱普森之盐”（硫酸镁）在治疗疾病方面的好处很快便广为人知。1755年，约瑟夫·布莱克意识到爱普森之盐（镁）的成分是一种新元素。1808年，英国化学家汉弗莱·戴维（1778—1829）第一次通过电解法从镁（氧化镁）和水银的混合物中提取出镁。

妖精和地下的精灵

钴（cobalt）这个名字从德语“kobold”而来，意思是“妖精”。含有钴的矿石被矿工称为“妖精矿石”，因为它加热后会产生有毒气体。妖精矿石包含砷，会形成不稳定的、危险的氧化砷。

镍（nickel）也是根据虚构人物的名字命名的。它由瑞士采矿专家客隆·斯杰特于1751年发现，因为矿石看着像铜（kupfer），所以称它为“kup-fernickel”，但矿工随后证实了不能从中提取铜。他们没有意识到矿石中根本没有铜，转而责怪是一个叫“nicker”的精灵制造了这种假石矿石以迷惑他们。客隆·斯杰特继卡尔·谢勒之后也发现了白钨矿，后来从中提取出了钨。

密集且迅速的发现

第一个气态元素在18世纪中旬被发现，但下一个气态元素的发现与此隔了超过一个世纪的时间。而金属元素的发现却稳步前进，其在镁之后有相当快的进展。钡（发现于1772年，1808年分离）、锰（1774年）、钼（1778年/1781年）、钨（1781年/1783年）、碲（1782年）和锶（1787年/1808年）。在1789年到1804年的15年中，14种新元素被发现，包括钛和氯。钠和钾都发现于1807年，钙和硼发现于1808年。

解释元素

尽管我们回顾性地看了很多元素的发现过程，但那时的人不太清楚这些和其他新化学物质是元素。关于元素的概念仍旧有些混乱，尽管波义耳已经对其下了定义。直到后来，伟大的法国化学家安托万-洛朗·拉瓦锡（1743—1794）才对这个问题给出了明确的定义。

“化学之父”安托万–洛朗·拉瓦锡

拉瓦锡出身于一个富裕的巴黎律师世家，从小接受法律方面的教育，但其却被科学吸引。在一生中，拉瓦锡尽管也从事了税法工作，但其主要爱好还是化学。他是18世纪发起化学革命的人中最重要的一位。

拉瓦锡的妻子，玛丽–安妮·皮尔丽特·波尔兹，与拉瓦锡结婚时只有13岁，但她很快学习了科学知识和英语，为拉瓦锡翻译科学文献和书籍。

1775年，拉瓦锡被任命为皇家火药局局长，全家搬到巴黎的阿森纳居住。在那里，他装备齐全的实验室吸引了全欧洲的年轻化学家。拉瓦锡做出了许多重大发现，如氧气在呼吸和燃烧中的作用，以及水的化学组成。对物质的观察在帮助理解化学过程和反应中非常重要，使他养成了注意细节的习惯。拉瓦锡细心测量并记录了所有的工作。

拉瓦锡指出燃素理论（见100页）中的错误，为各个化学物质赋予现代系统的命名。1789年，他出版了《化学基本论述》。又过了5年，他被法国人以革命的名义送上了断头台，指控他贩卖烟草，将国库中的钱给了法国的敌人。18个月后，政府承认他被冤枉了，解除了对他的指控，并将其所有遗物归还给他的妻子。

安托万—洛朗·拉瓦锡和他的妻子玛丽在一起工作。

拉瓦锡重新定义化学

拉瓦锡着手研究了元素的性质，为化学打下了科学的根基，其也因此被誉为“现代化学之父”。他于1789年发表了《化学基本论述》，意图促进和解释“化学革命”：这是化学的一个新理念，他和同时代的人一直在追求这种理念。最终，这个理念使他们与追求利益的炼金士区分开来。

一个新的列表

在《化学基本论述》一书中，拉瓦锡描述了他对元素的定义或“原理”：一种不能被任何方法分解的化学物质。他承认他所列出的物质总有一天会被进一步分解，但至少用目前的方法不可能实现。

“我们没有能力证实这些看似简单的物质不是由两种甚至更多的元素组成，因为这些元素不能分解，更因为迄今为止我们没有发现分解它们的方法。它们对我们来说就是单一物质，我们不应该认为它们是由其他物质合成的，除非有实验和观察能证实的确是这样。”

拉瓦锡列出了33种物质，其中有23种至今仍被定义为元素。奇怪的是，他把光和热量也加入列表，并认为热量中无质量的物质造成了其他物质体积的增大。这些无质量的物质包括氧气、氢气和氮气，他把它们叫作“灵活的流体”。

拉瓦锡列表还包括非金属、金属和“土”。他认为非金属就是可氧化、可酸化的非金属元素，比如磷、硫、碳、硼酸、盐酸和氢氟酸（后来变为硼、氯和氟）。

眨眼睛的头

有一个关于拉瓦锡的传说。拉瓦锡让一位朋友在断头台旁看他的头掉入篮子后，还可以继续眨眼多长时间，以确定身首分离后头部还能活多久。这应该是人们虚构的，因为拉瓦锡和另外27个人在同一天被审判、定罪和处决。整个处决过程只有35分钟，根本没有时间完成实验。

法国大革命期间，拉瓦锡只是众多上断头台的人之一。

17种金属（金属的、可氧化的以及与酸反应生成盐的）包括汞、铋、钴、铜、锡、铁、铂、铅、钨和锌，以及砷和锑。最后两种现在已不再认为是金属，但仍是元素。

土是“形成盐的土质固体”，现在看来它们都是些化合物（钙、镁、钡、铝和硅的氧化物，硅是19世纪才被发现的）。

> 他们砍下头颅只需要一瞬间，但100年也生不出来那样一个头颅了。
>
> ——约瑟夫·拉格朗日[12]评价拉瓦锡的处决，1794

有些物质不适用于拉瓦锡指定的分类（按现代标准，砷和锑都不是金属），还有两种甚至不是物质（光和热量）。但这是一个开端。拉瓦锡列表最吸引人之处是它包含多少元素。

古时候，人们认为四五种元素足以建立整个宇宙。拉瓦锡列表与以往很不一样，存在很大差异。在这之后，越来越多的元素被发现，迅速繁荣了化学的发展。

实验和错误

拉瓦锡认为，一种物质被认定是元素，那它肯定不能进一步分解。但随着时代的发展，这个定义已经改变。现代定义为，元素是同一类原子的总称。也就是说，氢气由氢原子组成，锌由锌原子组成，等等。拉瓦锡的“元素”盐酸不能算在内，因为它是由氢原子和氯原子构成的，是一个化合物。18世纪的化学家面临的问题是，他们没有除实验以外的方法，去了解哪些物质可以分解成更简单的成分而哪些不能。

化学的下一个突破发生在19世纪初。在那之前，化学家还有一个全新的化学领域尚待去发现和探索，那就是气体。

第五章

虚无的空气

目标的重要性促使我承担所有工作，这似乎注定会带来化学界的一场革命。

——安托万·拉瓦锡，1773

拉瓦锡对化学的贡献远不止对元素下了新的定义那么简单。18世纪时，科学家开始对我们周围的空气进行研究，结果正如拉瓦锡所预料的那样，这为化学的发展带来了翻天覆地的改变。

固态二氧化碳在室温下迅速汽化。

看不见的气体

就连最初级的观察者也能察觉出固体和液体的存在，以及二者之间的明显不同。两种状态之间的转换几千年来都是相似的：人们可以看到冰融化和水结冰，许多烹饪和冶金活动也存在固态和液态的反复转换。然而，气体几乎是不可能立刻观察到的。首先，大部分气体是不可见的。但早在希腊时期，亚里士多德就从酒中发现了有一些液体蒸发生成了“蒸发物”。蒸气要么凝结要么挥发，它们似乎进入了虚无，毕竟气态物质在室温下通常无色无味。

扬·巴普蒂斯塔·范·海尔蒙特，那位佛兰德斯化学家，用罐子和柳树进行了一个著名的实验，却错过了一个柳树长大的关键成分：他没有解释柳树可能从空气中获得什么。但正是他在17世纪中期创造了“气体”（gas）这个词。“气体”一词来自希腊语“chaos”，意思是“空的”。

冰的融化是为人所熟知的状态的变化。

我们看不见空气，但能看见刮风带来的影响。

气体是一个复杂的概念。当我们吸气时明显吸入一些东西，它们不是固体也不是液体，是看不见的。如果你将一根管子插入一碗水中，通过它吹气，就会产生泡泡。所以无论你的肺里有什么，都是很重要的、有体积的、勉强可以被测量的东西。但我们看不到空气，只有在它携带气味、烟或固体（例如一阵大风）时才能被注意到。

水银更合适

伽利略和加斯帕罗·贝尔蒂发现，超过10.3米的高度，虹吸现象就没有了。而且，将一支密封管倒扣在一碗水中，水只能上升到10.3米高。托里拆利被这个现象深深吸引住了，但人们怀疑这是魔法或妖术，所以他决定慎重地完成他的实验。正因为这个原因，他选择了水银，一种比水重得多的液体，使他可以用更短的管子完成实验。水银管只需要80厘米高，使他可以轻易地避开他人的打搅来进行实验。

从元素到混合物

空气是古代文化命名的四种或五种元素中的一种。这些元素是形而上学的，而不是不可分的物质，但空气被认为是一种物质。空气作为一种气体或气体的混合物，它的性质直到17世纪才受到密切关注。人类首先研究的是空气的物理性质，并将它看成单一物质来研究。

真空的证明

由于大多数气体是看不见的，早期科学家很难对其进行研究、观察和描述。他们不得不用气体造成的压力或所占的体积来研究，后来则是通过它们在化学反应中的作用来研究。

1643年，伽利略的意大利籍学生，埃万杰利斯塔·托里拆利，发明了气压计。它包含一个一端密封的装满水银的玻璃管和一碗水银。它首次证明了大气是有压力的，因此空气是有质量的。当大气压下降，施加在碗中水银表面的压力降低，管中水银面下降，被密封的一端会形成真空。当大气压上升时，空气重量压在碗中水银

托里拆利的气压计。

的表面，迫使水银上升进入管内，减小了管的顶部空间。

确定看不见的空气是有质量的，是非常重要的一步。气压计中液体上方的空间是真空的，这个概念对很多观察者来说都是不可思议的。一些人认为托里拆利的管中可能充满液体挥发出来的蒸气。为了反驳这个观点，法国数学家、物理学家布莱士·帕斯卡在1646年重复了这个实验，他分别在管内装满酒和水。如果液体蒸发，酒的液面会比水的低（酒更易挥发），但结果并不是这样。

虚无的力量

波义耳是第一个对气体进行严谨研究的人。实际上，他的第一个实验就是关于气体的，或者更准确地说是除去气体制造真空。

在助手罗伯特·胡克的帮助下，波义耳制成了真空泵——通过活塞将玻璃罩中的气体全抽出去的一种仪器。这不是他凭空创造出来的，波义耳在1657年读过一本书，了解了德国科学家奥托·冯·格里

马没能将它们分开

奥托·冯·格里克进行过一个戏剧性的实验，证明空气泵所生成的真空的力量。他利用“马德堡半球”完成了实验。“马德堡半球”是两个铜制半球，直径50厘米，可以严密地合在一起。涂上润滑油后，他将两球合起来密封住。冯·格里克花了大价钱买了12匹马，然后在球的两边分别连上6匹马往相反的方向拉拽球，都没能将两个半球分开，说明了真空的力量。

两组马队没能将马德堡半球拉开，证明了真空的力量。

克制作的一个类似“空气泵”的东西。波义耳于1660年发表了实验结果，标题为《关于空气的弹性与其效应的物理实验》。他用“空气的弹性”表示“压力”。波义耳和同事在新成立的英国皇家学会用真空泵做实验，发现移除空气会对气压计中的水银、燃烧的蜡烛和活着的老鼠造成影响。

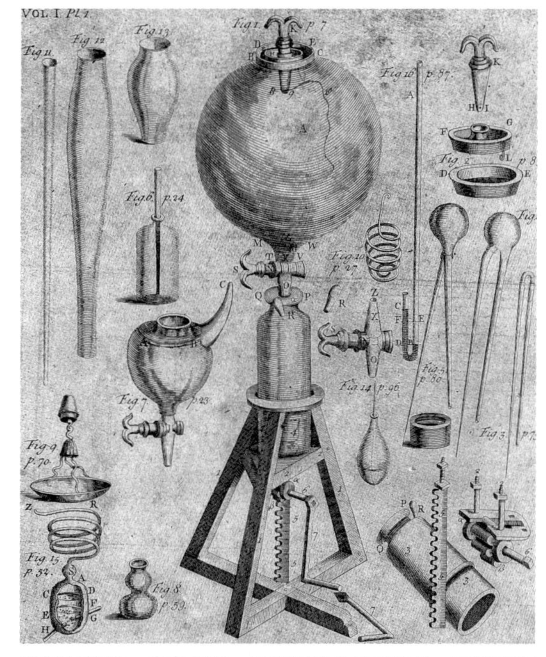

波义耳的第一台真空泵。其顶部球体是玻璃的，可以观察到真空状态。

波义耳很确定当他从玻璃罩内抽取气体时，会产生真空状态，但不是每个人都这么认为。因为亚里士多德在2000年前宣布“完

全虚无”是不可能的，很多人不承认一个空间内可以完全没有东西存在。哲学家托马斯·霍布斯（1588—1679）对此曾尝试给出合理的解释：波义耳拉动活塞上的拉环，增加了容器外部的压力，微小的液体（气体）粒子就会偷偷从玻璃罩壁中溜走。波义耳和霍布斯都认为，固体和液体表现方式的不同可以通过粒子大小和形状来解释。很明显，玻璃罩中之前是有空气的，变成真空后就没有了，但霍布斯认为里面还是有什么东西存在的。这种东西由大量纯净、微小和光滑的粒子构成，霍布斯认为它就是以太——极纯净的第五种元素。亚里士多德认为，以太占据了其他元素占据不了的空间。波义耳则相信实验显示出的证据，并坚持他创建出来的真空是一个没有任何东西的空间。

它去哪儿了

人们因为各种原因不相信真空理论。一些人认为，固定的体积承载“虚无”是不可能的，因为“虚无”怎么会有尺寸？另一些人认为，既然玻璃罩内是空的，那么其内的东西必然会扩大外部世界的体积，而这是很荒唐的。霍布斯对这种令人费解的，关于不可见物质的理论表示担忧，于是想用超出科学范畴的方式使它保持一定的神秘性。他主张没有无形之物，甚至连上帝都是有形的。

利用对实验中散发出的气体的研究，1782年，蒙哥费埃兄弟利用气体的特性成功使热气球升空。

“空气的弹性”

波义耳进行了很多关于压力和气体体积的实验，并于1662年发表

了波义耳定律。他发现压力和气体体积在温度不变时是负相关的。也就是说，一定温度下，在一个密闭系统中，气体体积增大，质量不变，压力反而下降，反之亦然。波义耳的定律被描述为：

$$PV=k$$

P代表压力，V代表体积，k代表一个常数。也就是说，密闭系统中，压力乘以体积是一个定值。这个定律也可以这样表示：

$$P_1V_1=P_2V_2$$

即同一气体在质量、温度不变的条件下，它在两种状态时的关系。这个公式看起来更像物理学公式而不像化学的，但它的确是气态化学的一个重要开端。

不止一种气体

在人们还不清楚空气中存在多种气体时，人们就已经知道矿井中的“气体”会导致中毒，但却从未想过气体不止一种这个问题。甚至当人们对于不止一种气体存在的认识越来越明了时，其他气体仍被认为是空气的变形。

第一个猜想空气包含多种成分的人是意大利博物学家列奥纳多·达·芬奇。他注意到呼吸和蜡烛的燃烧在某种程度上消耗了空气，但空气并没有全部消失。他因此认为空气至少包含两种成分。同平时一样，达·芬奇将他的工作记录在笔记中而没有发表，所以没能对空气的组成做出贡献。

波兰炼金士山迪佛鸠斯（1566—1636）也发现了空气不是单一物质组成的，他认为其中包含一种供给生命的成分。他认为这个“生命的食物”和加热硝酸钾释放的气体是同一种。1604年，他在《新化学根据》一书中揭示了这个发现。170年后，主流欧洲化学家有了同样的发现，并将其分离出来，命名为氧气。

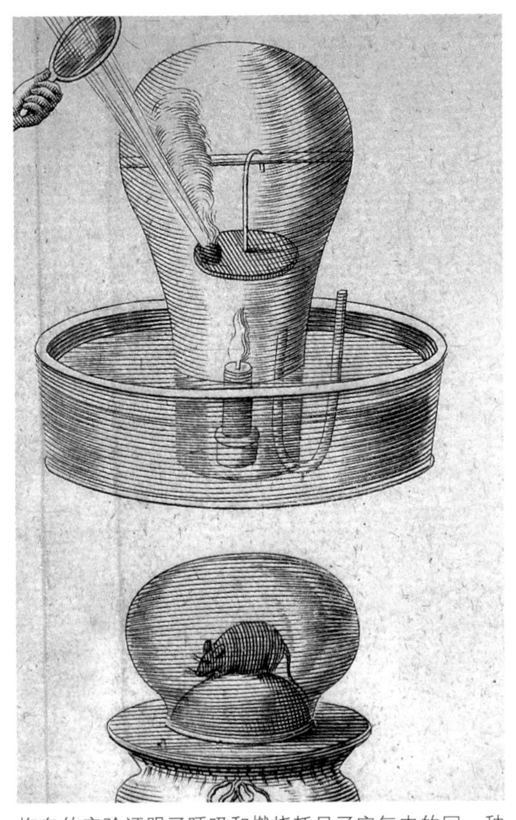
梅奥的实验证明了呼吸和燃烧耗尽了空气中的同一种成分。

“生命的食物”

范·海尔蒙特，就像之前的列奥纳多和山迪佛鸠斯那样，发现空气远比人们想的复杂。他在盛有水的盘子中间放了一个蜡烛，在蜡烛上倒扣了一个玻璃瓶，并使瓶口保持静止不动。过了一会儿，蜡烛灭了，玻璃瓶中的水面上升。海尔蒙特对此解释为空气的一部分被消耗了，它占据的那部分空间被水填充。

海尔蒙特的实验被重复和研究了150多年。1674年，英国医生约翰·梅奥（1641—1679）用了一种类似的方法证明空气中只有一部分是支持燃烧、可供呼吸的，但这次他采用的是定量研究。他把一只老鼠和一个燃烧的蜡烛分别放在两个倒扣在水中的密闭容器内，等到老鼠死亡或蜡烛熄灭时，测量水面上升了多少。他发现约有十四分之一体积的空气被蜡烛或老鼠用掉。这不仅证明了蜡烛和老鼠消耗的是同一种成分，还证明了空气是由多种类型的气体组成，其中一种占了十四分之一。他将消耗的那部分命名为“硝气精”（spiritus nitroaereus）。

山迪佛鸠斯提出的“生命的食物”，最终被瑞典药剂师卡尔·威尔海姆·舍勒于1772或1773年，以及英国化学家约瑟夫·普利斯特里于1774年分别分离出来。谢勒发现加热氧化锰直到红热状态，会生成他称为“火气”的东西，因为这种东西和热的木灰接触会释放明亮的火花。他发现，加热硝酸钾、氧化汞等许多物质，也能

产生“火气”。不幸的是，尽管他详细记录了自己的实验，舍勒却没有及时发表这个结果。结果，普利斯特里首先发表了相似结论，并因此被认为是分离氧气、将其与燃烧和呼吸联系起来的第一人。

火与空气

对于古代的元素理论来说，将空气、水和土壤当作真正的元素，即我们周围的气体、液体和固体（主要是矿石和金属）是很容易理解的。但早期化学家对火感到很困惑。它是一种转换剂，不能被分解，总是和其他物质一同作用。化学家在16世纪时开始对火进行更科学的思考。

燃烧改变质量

众所周知，燃烧后的东西一般会消失。它们可能变为灰烬，变得比燃烧前的重量轻。这说明燃烧过程中失去了一些东西。但也有很多关于金属氧化物的奇妙案例与之相反。一些金属燃烧时会形成氧化物，重量比之前的要重。意大利医生朱利奥·凯撒·斯卡拉在1557年发表了自己的观点，认为燃烧铅和生锈的铁增加的重量，可能都是由于从空气中吸附了一些粒子造成的。但这只是他的猜想，缺乏理论依据，所以没有更进一步研究。

人们从远古时期就开始用火，但却对它一无所知。

波义耳则认为燃烧时火焰中的某种物质加到了金属上：“火焰本身和致密坚硬的固体结合，从而增加了它们的体积和重量。”他先称了金属的质量，

施塔尔燃素理论引导化学家走上了错误的道路。

再将金属装入一个玻璃容器，放在火上加热。接着，他打破容器给里面的物质称重，发现其质量增加。他猜想火焰中的“火成粒子”可以穿透玻璃容器。

火的燃素

格奥尔·施塔尔（1660—1734）将关于火的理论发展成燃素理论。他声称燃素是一个非常巧妙的元素，能和物质结合，存在于所有可燃物中，燃烧时就会释放燃素。这个名字来源于希腊文，意思是“烧尽”。一种物质燃素越多，燃烧后残余物越少。例如，纸等物质包含的燃素就多，燃烧后会化成灰烬。

施塔尔认为燃素有如下特性：

- 赋予物质可燃的特性；
- 物质燃烧后被释放到空气中；
- 本身不能被发觉；
- 赋予火动力，而且这种动力是不竭的；
- 是颜色的基础；
- 不能被破坏，不能从大气中逃脱，所以一定量的燃素是循环利用的；
- 同空气一样，是燃烧必需的条件；

> 燃素与它所在的本体之间有着相当松散的联系——这是一个我不愿相信的结论，尽管它能以简单的方式解决火的难题。
>
> ——约瑟夫·普利斯特里，1774

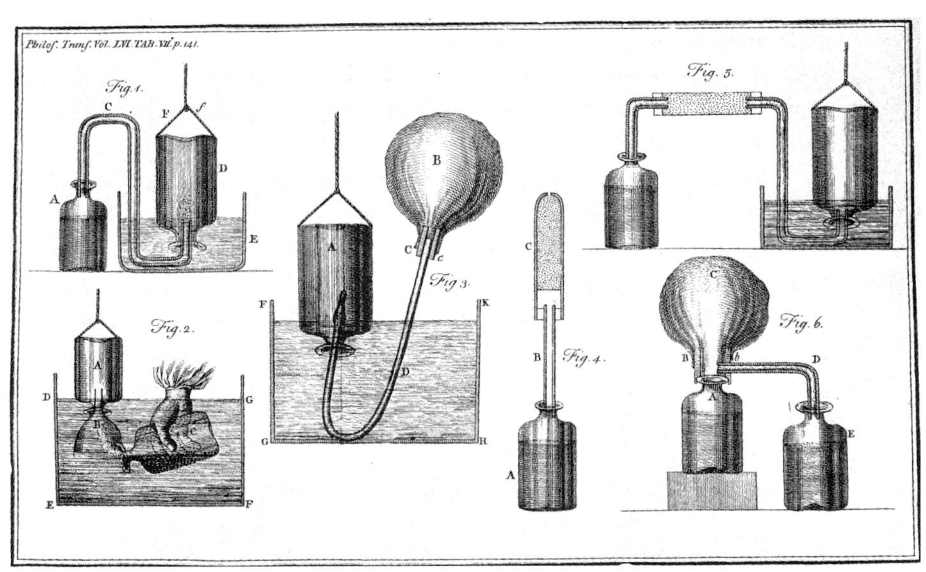

1766年，卡文迪什（见103页）在发表的文章中描述了他设计的装置，其可以捕获、移动、测量实验过程中产生的气体。

● 在高度易燃的物质，如油中，含量丰富。

另外，施塔尔还给出了一个不太合理的理论：加热一个金属的灰烬可以增加燃素，从而使其恢复成初始金属。他似乎从没想过燃素有质量，只把它看成“定律”而不是物质。

德国医生约翰·容克发现，当金属燃烧时，它的质量会增加（形成金属氧化物），所以他认为燃素质量为负值。普利斯特里不认可这个论点，尽管他接受燃素这一学说。

不久之后，人们发现燃素与呼吸关系密切，因为燃烧的物体和呼吸的老鼠与空气有着类似的联系。也就是说，由于可燃物含有燃素，燃烧后燃素被释放进入空气，而呼吸的植物和动物似乎也可以释放燃素。其实，无论燃烧还是呼吸都是在消耗空气，

无意的发现

没有一个人能绘出普利斯特里的一项工作，所以他自学了透视画法。在这个过程中，他发现印度橡胶能擦去铅笔笔迹。他在书中序言部分记录了这个发现。

可那时的人却以为是在释放燃素到空气中。这个模型完全建立在错误的基础上，但后人对它进行了调整。梅奥和海尔蒙特得出了正确的结论，即呼吸和燃烧都是从空气中消耗同一种东西。但这两种观点都没有给出完全明确的解释：到底什么东西在消耗，什么东西被释放进空气，但肯定不是燃素。

约瑟夫·普利斯特里（1733—1804）

约瑟夫·普利斯特里不只是个化学家，他还曾被视为暴动者。因为他反对当时英国的政治宗教信仰，导致他在18世纪90年代从英国逃往美国。

普利斯特里生于英国约克郡的一个中产阶级家庭，小时候就显现出了惊人的聪明之处。家人希望他能成为神甫，所以他学习了拉丁文、希腊文和希伯来语，后来还学了法语、意大利语、德语、阿拉伯语和阿拉米语。但一场可怕的疾病打破了他成为神甫的希望：他变得口齿不清，并且在经历了这番绝望的心灵体验后改变了自己的宗教信仰，坚信自己是被神挑中的人之一。普利斯特里强烈的宗教自觉让他写出了许多神学短文，也使他的化学研究始终带有对哲学的追求。

他在本杰明·富兰克林的鼓励下，开始了与电有关的研究，后来又于18世纪70年代开始研究气体。普利斯特里制作了集气槽（一种于1727年由植物学家斯蒂芬·黑尔斯第一次描述的仪器），帮助他在水上收集反应中产生的气体。他一共发现了八种新气体，做出了其他科学家难以匹敌的贡献。但他是燃素理论的支持者，为此还和拉瓦锡产生了争论。

普利斯特里支持法国和美国革命，预料到这两场革命都会推翻旧政权，加速《圣经》中耶稣预言的幸福时代的到来。这个观点在当时并不受欢迎。1791年，气愤的暴徒在四天的暴乱中破坏了他的房子和实验室，这场暴动被后人称为“普利斯特里暴动”。这迫使他逃往美国。在美国宾夕法尼亚州，他试图建立一个模范社区。但他的乌托邦梦没有实现，只建成了一栋带有实验室的豪华住宅。

欧内斯特·博德于1912年绘制的这幅画反映出普利斯特里在玩西洋双陆棋的时候，暴徒冲进他房间的场景。

“不可燃空气”

人们开始研究什么是燃素。

第一种被当作燃素的气体是氢气，这是自然界中最轻的气体，无臭无味。帕拉塞尔苏斯在16世纪通过实验生成了一种被他称为“不可燃空气”的气体，这种气体很可能就是氢气。波义耳是第一个在可重复实验中生成氢气的人。他于1671年发现铁加入稀酸后会生成气泡，并将这些气泡用倒扣在水上的管子收集起来。即使这样，直到近一个世纪之后，英国化学家亨利·卡文迪什（1731—1810）才认识到这是一种不同于空气的离散物质。1766年，他给它取名为“不可燃空气”，认为它可能是燃素。1783年，拉瓦锡将之命名为“氢气”。

燃烧与呼吸

呼吸和燃烧对空气有类似影响，说明它们之间是有联系的，化学家很快就发现了这种联系。除了拉瓦锡，18世纪另一个著名的气体研究人就是约瑟夫·普利斯特里。

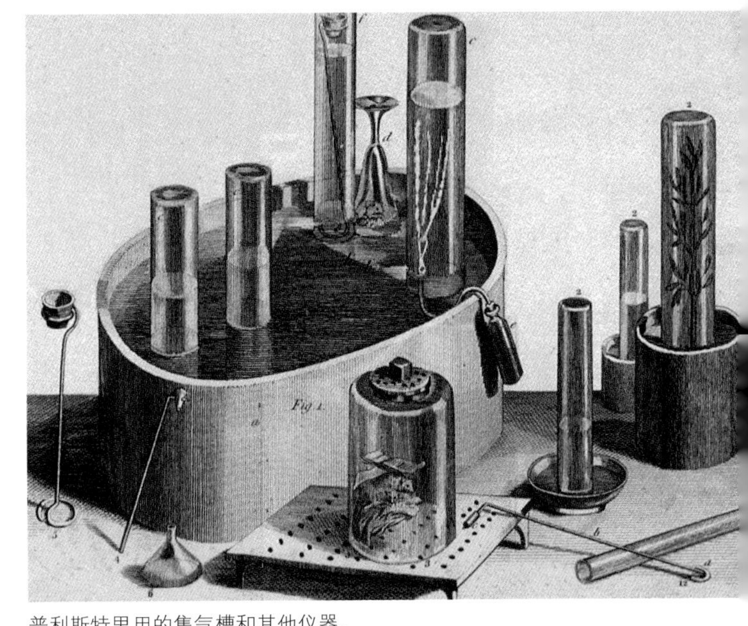

普利斯特里用的集气槽和其他仪器。

分解空气

1774年，普利斯特里发现，如果他把一块氧化

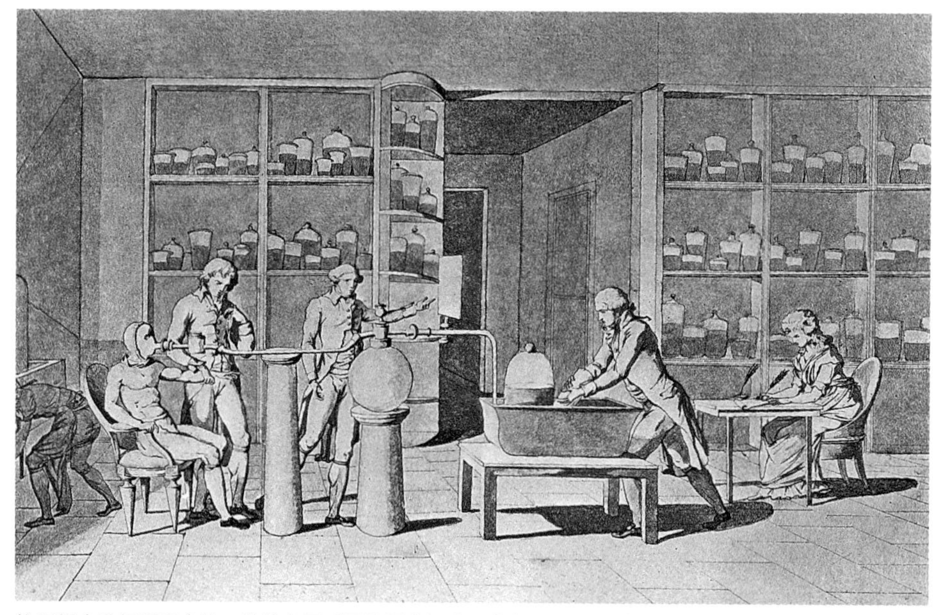

拉瓦锡在进行呼吸实验，他的妻子（图片最右）在一旁仔细记录，并将自己的一些想法也写下来。

汞放入密封容器内，通过凸透镜聚集阳光加热，会产生一种气体。这种气体比普通空气在维持蜡烛燃烧和老鼠呼吸方面好五六倍。也就是说，在密闭环境中，这种气体可以使蜡烛燃烧和老鼠呼吸都多维持五六倍的时间。

普利斯特里将这种气体叫作“缺乏燃素的空气”，因为他认为这种气体是脱除全部燃素的空气。因为没有燃素，这种气体在饱和前可以更好地维持燃烧或呼吸。一旦空气充满燃素，呼吸或燃烧就不会继续了，老鼠会死亡，蜡烛也会熄灭。

这个实验有非常巨大的意义：空气不是一种基本物质，而是一种混合物。普利斯特里推翻了空气是一种元素的概念，打破了人们2000多年来的认知。从此，空气被认为至少包含了可呼吸的部分和一些燃素。

普利斯特里也试着吸了一些“缺乏燃素的空气”，并写下了自己的感受：“它在我肺里的感觉和普通空气没什么区别，但我觉得一段时间后我的胸部变得很轻松、很舒服。这种纯净的空气会变成时髦的奢侈品。目前只有两只老鼠和我自己有幸吸到它。”

普利斯特里游历欧洲时见到了拉瓦锡，对他讲了有关“缺乏燃素的空气”的实验。拉瓦锡是鲁埃尔的学生，后者将施塔尔的燃素理论引入法国，所以拉瓦锡对燃素非常熟悉，但并不热衷。鲁埃尔认为燃烧和呼吸都不释放燃素，但两者需要普利斯特里分离出的特殊“空气”。拉瓦锡提出空气有两种一般成分（这两种成分都不像燃素那样不同寻常）。他认为其中一种是呼吸和与金属结合的关键，另一种让人窒息，不支持燃烧。拉瓦锡称前一种为“显著可供呼吸的”，解释说它可以在燃烧中与金属或有机物结合。两年后，也就是1776年，他命名这种物质为“氧气”（oxygène），其来源于希腊语，意为“酸发生器”（因为他错误地相信所有酸都包含氧）。

普利斯特里认为“这种纯净的空气会变成时髦的奢侈品”，而21世纪的“氧吧”实现了他的预言。

1783年，拉瓦锡严肃批判了燃素学说，认为燃素是“想象的”和“名副其实的变形杆菌”——每一分钟都会改变它的形状。他知道自己对燃素学说的排斥是不受欢迎的，并承认当时的人“很想接受新的想法”。但他在1791年于一场报告中高兴地说：“所有的年轻化学家都接受了这个理论。”

在发现呼吸的老鼠或燃烧的蜡烛会耗尽空气之后，普利斯特里有了一个重大发现。他发现，如果将绿色植物放在密闭容器中，它可以使空气恢复新鲜，维持火焰的燃烧或老鼠的生命。他的结论是人类第一次触及光合作用和地球上植物与动物生命体之间的整体平衡：“也许动物造成的损伤可以全部或部分被植物修复。”

啤酒制造和气泡

1767年，约瑟夫·普利斯特里被任命为英国利兹附近的教区牧师。他花了很多时间在当地的啤酒厂研究酿造工程。他收集酿造过程中产生的气体并用于实验，这种气体就是约瑟夫·布莱克描述的“固定空气”（二氧化碳）。最终，由于他的化学品污染了一大桶啤酒，他被禁止进入啤酒厂，但在此之前他刚发现了制作苏打水的方法。1772年，普利斯特里在一个名为《用排水集气法收集“固定空气”》的小册子里发表了这个方法。他没将这个发明商业化，但约翰·雅各布·施韦普把它们商业化了，并通过卖含二氧化碳（气泡）的水挣了一大笔钱。

气泡宝藏：20世纪30年代的怡泉广告。

二氧化碳的释放

尽管进行了这么多的实验，但人类先发现的却不是氧气，而是二氧化碳。二氧化碳在大气中只占很小一部分，它可以由相当简单的实验和过程来制备。早期化学家就是通过这些实验和过程研究气体的。

1754年，二氧化碳由苏格兰化学家约瑟夫·布莱克发现。他发现，加热碳酸钙就会生成一种质量较大的气体，这种气体不能维持燃烧和动物呼吸。他把它叫作“固定空气”，因为它可以被强碱（化学上酸的对应物）“固定”（吸收）。

二氧化碳除了做碳酸饮料外还有很多用途。荷兰生理学家和化学家加恩·伊根霍兹发现了二氧化碳最重要的用途。他在1778年重复了普利斯特里的老鼠实验，证明了植物需要阳光才能在空气中发挥它的“魔力”。近20年后，瑞士植物学家吉恩·塞纳比耶在1796年证实了在光照条件下，绿色植物会吸收二氧化碳，释放氧气。

其余的

正常空气中含量最多的部分是氮气，约占地球大气的78%。它于1772年由苏格兰医生丹尼尔·卢瑟福发现。卢瑟福是布莱克的博士生，他用了三种方法研究“缺乏燃素”的气体：他将老鼠放在一个密闭罐子里，直到老鼠死亡；将一个蜡烛放在罐子里，直到熄灭；在罐子中燃烧白磷，直到停止燃烧。在每种方法中，他都将密闭罐中的剩余气体通过石灰水除去“固定空气”。他发现剩下的气体既不支持燃烧也不支持老鼠呼吸。它不像二氧化碳，不溶于水也不溶于碱溶液。卢瑟福把它叫作“有害气体”，说它比正常空气要轻，不能被“其他我所熟知的能使空气缩减的

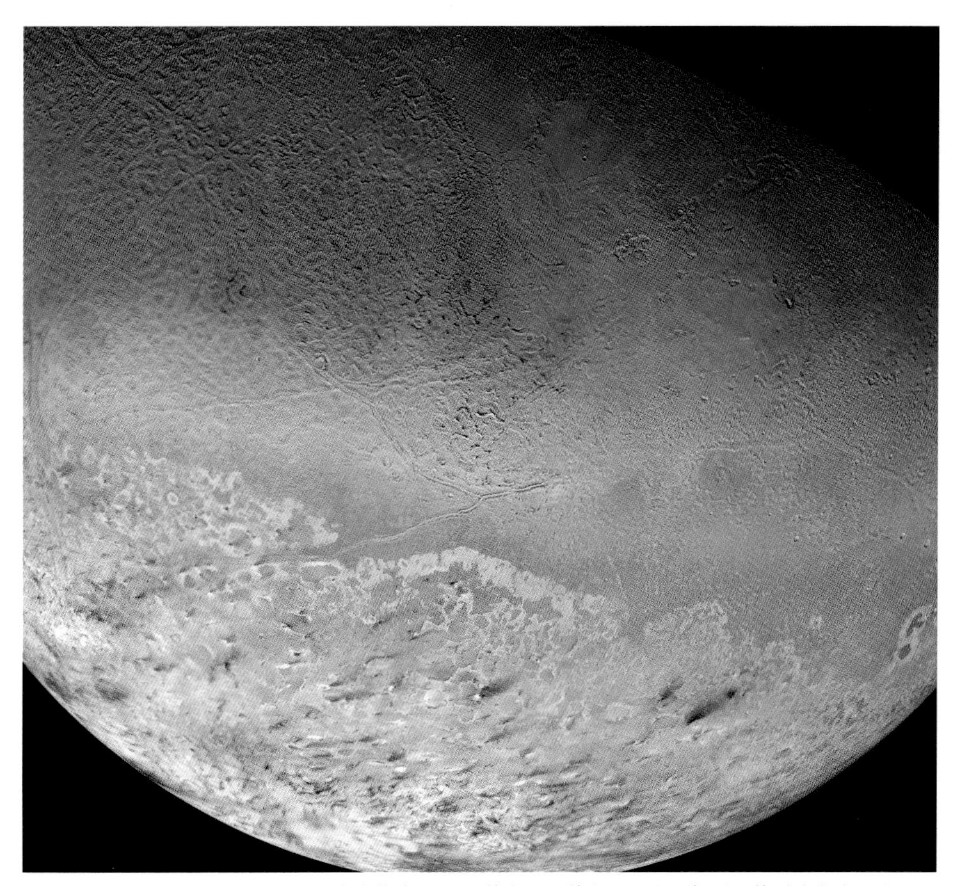

氮在地球上是一种气体，然而在温度大约为−236℃的海王星的海卫星上，氮以固体形式存在。海卫星地壳的55%覆盖着氮冰。

原因”进一步分解。

舍勒似乎也是在1772年发现的氮气，但他直到1777年才发表相关结果（和发现氧气一样，他也犯了拖延发表的错误，但他没有从上次的经历中吸取教训）。他把氮气叫作“无用气体”，并发现氮气占了原始空气体积的2/3到3/4。

同一时间还有人在进行关于氮气的研究，但也没有发表自己的结论。这个人就是卡文迪什。卡文迪什在1772年以前就发现了氮气，并叫它“烧尽的气体”。他反复将空气通过红热的木炭除去氧气，然后通过氢氧化钾除去二氧化碳。他发现，剩下的“烧尽的气体”比“普通的气体”要轻很多，而且不支持燃烧。

空气是化合物还是混合物

接下来化学家们都开始思考：空气中不同的气体是简单混合在一起，还是形成一种或多种化合物？这一段研究历程十分复杂，下面会一一呈现。

排斥气体

英国化学家约翰·道尔顿（1766—1844）年轻的时候对气象学有着浓厚的兴

化合物与混合物

化学家们区分化合物与混合物的方法有以下两种。

对于化合物：原子之间化学键的形成使一个或多个原始物质化合成一种新的物质。例如，钠和氯化合之后形成有别于它们各自组分的新分子，也就是氯化钠，俗称食盐，具有自己独特的化学性质。

对于混合物：两个或多个物质混合在一起但没有彼此反应，也就是没有新的化学键或分子形成，因此可以被分开（尽管有时分离比较困难）。例如，把铁屑和沙子混合在一起，二者没有形成新的化合物，可以用磁铁再将铁屑和沙子分离，而且不会引发任何改变。

趣，并记录了5年的天气情况，这促使他开始思考气体。道尔顿认为空气是各种气体的混合物，每一种气体都以其游离状态存在，而不是以化学结合形成的化合物的形式存在。

道尔顿想知道：如果气体只是混合在一起，为什么它们没有按照质量轻重出现分层，即相对较重的气体接近地面，而相对较轻的气体飘浮在上面？道尔顿很巧妙且独创性地回答了这个问题：他认为同一种气体的粒子与粒子之间是相互排斥的，所以它们会尽可能地远离彼此。这一观点得到了牛顿和波义耳关于压力和体积的研究结果的支持。但是，道尔顿认为并不是所有的粒子都彼此排斥，而仅是形式相同的粒子相互排斥。这样就可以解释为什么空气不分层了，因为气体混合与质量无关。

这个推论使道尔顿得出了分压定律：气体混合物的总压等于混合物中所有不同气体压力的总和。由于不同的气体有不同的分压，这表明一些粒子比其他粒子的排斥力更强，道尔顿推断这是粒子大小不同所导致的，因此他认为每个元素的原子都是独特的。以上是道尔顿原子理论的基础（见125页）。

空气之外的气体

尽管人们首先关注的是空气的组成部分，但是19世纪发现的气体不止这些，还有其他气体元素以及许多混合气体。

卤素气体

1774年，瑞典化学家卡尔·舍勒在把盐酸和软锰矿（二氧化锰，MnO_2）混合后发现了氯气，他认为该气体是含氧的化合物。但在1807年，汉弗莱·戴维开始研究这种气体时，发现该气体应该只含一种元素（见201页）。戴维还提出氟的

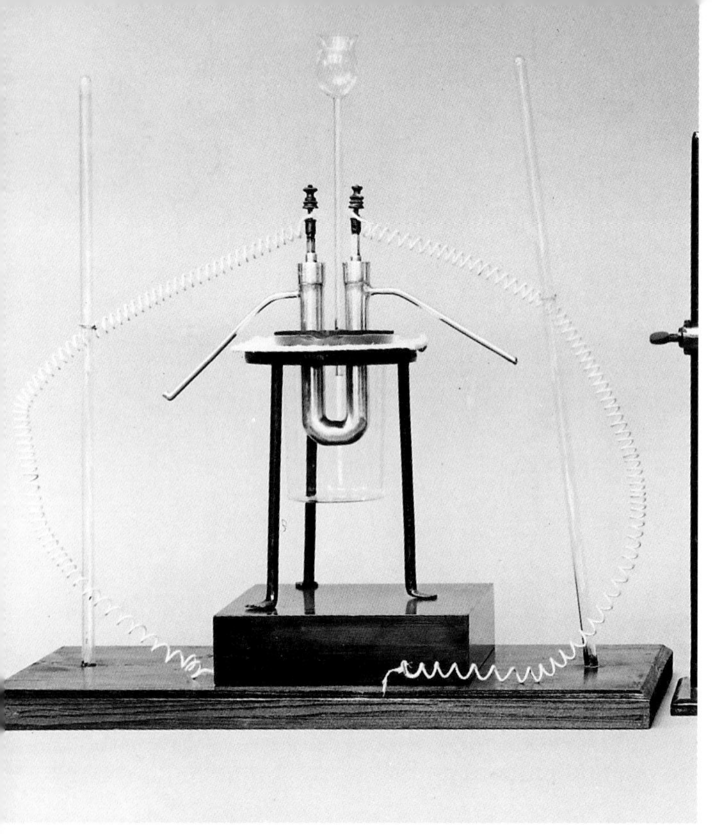

莫瓦桑通过电解氟化氢钾溶液提取氟的装置（复制品）。

存在，法国物理学家安德烈-玛丽·安培也提出了该观点，但是戴维没能提取出氟。作为最活泼的元素，想要将氟分离出来是很困难的。许多化学家都曾尝试从氢氟酸中提取氟（包括戴维、盖-吕萨克、瑟纳德以及托马斯·诺克斯和乔治·诺克斯两兄弟），但都因此受伤；至少有两位化学家因此献出生命（保林·鲁耶特和杰罗姆·尼克莱斯）。最终，亨利·莫瓦桑在经历了多次失败和受伤之后，才于1886年成功分离出氟——该工作也使莫瓦桑获得1万法郎的资金，并于1906年荣获诺贝尔化学奖。

稀有气体

元素周期表（见142页）的最后一列是稀有气体（又称贵气体），其由苏格兰化学家威廉·拉姆塞在19世纪末发现。之所以称其“贵”，是因为这些气体大部分是惰性的，很少和其他元素反应。

卡文迪什在分离氮气的时候，收集装置里出现了一个小的气泡，而且该气泡并不是氮气。因为它并不是很大，所以它的存在被忽略了将近一个世纪。卡文迪什还发现，当空气中所有其他物质都被移除后，留下的氮气比从化学反应中得到的氮气密度大0.5%左右。1894年，剑桥大学的实验物理学教授洛德·瑞利有了同样的发现，并在拉姆塞的协助下进行了研究。他们将从大气中得到的氮气通过炽热的镁，

有趣的气体

1772年，约瑟夫·普利斯特里就在用一氧化氮接触铁屑和水的时候发现了一氧化二氮（N_2O）：

$2NO+H_2O+Fe \rightarrow N_2O+Fe(OH)_2$

1798年，年轻的英国化学家汉弗莱·戴维致力于研究一氧化二氮及其可能的用途。1800年，年仅21岁的戴维发表了关于气体及其历史的长文。在这篇文章里，戴维写道："一氧化二氮似乎可以消除身体上的疼痛，所以在没有大量血渗出的外科手术中可以利用它的这一特点来止痛。"令人惋惜的是，这个提议被大家忽略了40多年，直到1844年才被采用。不过，戴维的关注点并不是缓解疼痛，而是对化学键有很大兴趣。但是，这并不阻碍戴维享受他的研究成果。他和他的朋友在参加派对时经常用油绸袋散布一氧化二氮，或用于舞台演出，进行娱乐。1819年，《泰晤士报》对其中一次表演做了如下报道："一位绅士在吸入一氧化二氮（笑气）后，一边大笑一边蹦高，甚至能蹦至离地面六英尺（约1.8米）的惊人高度。"

19世纪早期，一氧化二氮主要用于派对娱乐。

使得氮气和镁反应形成氮化镁，这样就可以分离出混在其中的另一种物质。他们发现这是一种具有化学惰性的气体，该气体甚至不能和氟反应。拉姆塞将其描述为"一种极其冷淡的物质"。1895年，两位化学家给该气体取名为"argon"，即氩，其希腊语原意为"不活泼的"，并作为一种新元素发表。

拉姆塞正指着元素周期表中稀有气体的那一列。

富有与隐居

卡文迪什是一个很奇怪的人。他出生在一个富裕的家庭里，本能富有地度过一生的他却没有沉溺于18世纪绅士的享乐和犯错中，而是将他的整个住宅用于化学工作：画室作为主要实验室，其他房间用作较小的实验室、工作坊、熔炉以及天文观察。他避开别人的陪伴，如果有人不请自来，他就只给他们吃一只羊腿而已——不知道是为了赶走这些不速之客，还是因为他没有多余的精力去想别的事情。卡文迪什拒绝所有要给他画肖像的请求，只留下了一张迅速、秘密完成的素描画像。他孤独地离去，并告诉他的仆人：“我快死了。我死以后，去找乔治·卡文迪什勋爵，并告诉他——继续！”他对化学的热情以及他一丝不苟的定量方法使得他发现了氢和水的组成，并率先给出了空气中存在稀有气体的线索。

拉姆塞继续他的研究工作并发现了氦气。这种气体早在1868年就被光谱学（见202页）鉴定出在太阳上存在，但从未在地球上发现过。不久之后，拉姆塞确信存在一列稀有气体等待人们发现，但却遭到了其他化学家的强烈反对。面对这样的冲击，瑞利放弃了，但是拉姆塞坚持不懈地继续着他的研究。最终，拉姆塞因为他的坚持不仅发现了更多的惰性气体（氖、氙、氡和氪），而且获得了1904年的诺贝尔奖。

令人惊讶的发现

人们已经知道气体可以和固体形成固体化合物——氧化钙的形成就是证据。但在1781年，亨利·卡文迪什发现，如果他在普通的空气条件下点燃“可燃空气”（氢气），玻璃容器壁上会形成少量“露珠”。卡文迪什认为，这“露珠”似乎就是普通的水。现在很难想象，这个发现在当时具有多大的革命性，是多么令人惊讶。这简直太令人意外了，水不仅不是一种元素，而且是由两种气体结合产生的一种液体。

卡文迪什把这解释为：一种气体是含有过量燃素的水，另一种气体是缺乏燃素的水，把它们结合在一起正好产生燃素水。拉瓦锡的解释更简

单（且正确）：水是由两种气体组成的。燃烧可以使空气中的氧与氢结合，而水的一半是氧，另一半是“易燃的空气”——氢。整个反应不需要燃素就可以解释。

卡文迪什发表了水由两个氢结合一个氧组成。该比例最终在1800年被波兰化学家约翰·里特利用电解作用把水分解成组成它的气体后证实。

气态物质的研究

对气体的研究是从研究气态物质而不是单独的气体开始的。下一章我们将回到19世纪初，介绍将原子理论与气体结合起来的研究。

越来越好

法国化学家约瑟夫·盖-吕萨克（1778—1850）继续波义耳关于压力的研究。在1801—1802年，盖-吕萨克做了大量关于气体行为的研究，并得出结论：所有气体的体积都随着温度升高而以相同的数量膨胀。这是一个有点令人吃惊的发现，因为当时的人不知道空无一物的空间有多少体积的气体。事实上，杰克斯·查尔斯在15年前就发现了这个现象，只是没有发表。因而，现在这个结论被称为查尔斯定律。

第六章

原子、元素与亲和力

这是确定无疑的：所有的物体无论是什么，即使没有智慧，也有知觉；因为当一个物体接近另一个物体时，都遵循适者相拥，不适者相斥的原则；无论物质是改变剂还是被改变，始终都是知觉在主导作用；否则，所有的物体都会高度相似。

——弗朗西斯·培根，1620

18世纪末，拉瓦锡把元素定义为不能再被分解的物质，而波义耳曾提到的“简单物质”相当于现代的原子。但是，这两个理论在当时没有完全结合在一起。

英国德比郡的肖像画画家约瑟夫·莱特所绘的《气泵里的鸟实验》（1768）显示，罗伯特·波义耳把空气从装有一只鸟的玻璃罩里移除。波义耳的目的是证明真空环境是冷酷无情的。

原子和元素

现代化学中，元素和原子的概念是不可分割的。和元素概念一样，原子的概念是在大约2500年前由希腊人首次提出的。

古代的原子观

留基伯和德谟克利特提出的原子（见13页）在某些方面和现代原子很像，而有些方面又不像。他们认为，原子的数量是无穷的，并有各种各样的大小和形状。它们是没有内部间隙的固体，不能再被进一步分割（它们的名字就意味着“不可切分”）。原子在无限的空间运动，如果它们接触到其他原子，要么排斥它们，要么相互碰撞并缠绕在一起，通过它们表面的钩或倒刺连接形成簇。它们不可能被毁灭

卢克莱修认为，像橄榄油这样的物质，其原子可能很大，或者容易纠缠，所以液体才会具有黏度。

或产生，而且是永恒不变的。所有我们看到的周围世界的改变都是原子以不同的方式改变位置或与另一个原子相互作用导致的。

钩在一起的原子的概念是原子键的第一个模型。这使罗马哲学家卢克莱修（公元前99—公元前55）把硬而致密的材料描述为由钩在一起并必须保持一致的原子组成，因为原子有许多分支，可以将原子完全焊接在一起。他觉得大多数液体是由容易流动并划过彼此的光滑的圆形粒子组成的，而“钝”流体如油则可能是由更大的或钩连和纠缠得更紧密的原子组成的。

原子的形状

柏拉图把四种元素和完美的几何三维形状相关联（柏拉图立体），这一概念帮助人们理解了元素的特征和行为。柏拉图用四面体表示火粒子，尖尖的形状会让人产生燃烧的痛感；而用八面体表示空气粒子，因为由许多小面组成的八面体最接近球形，使得粒子可以轻易地滚动或滑行；水粒子则是二十面体，因为二十面体的形状是第二接近球形的，也可以流动；土壤粒子用立方体表示，因为立方体可以像剥落的土壤粒子一样致密地堆积，而且容易分离。

柏拉图的模型还解释了可能的元素转变。因为四面体、八面体和二十面体的面都是等边三角形，所以火、空气和水元素可以被捣碎、分解或重组。例如，火粒子可以结合形成空气粒子，或者一个空气粒子可以被分解成为火粒子。只有立方体没有三角形面，所以土壤粒子不参与任何转变。

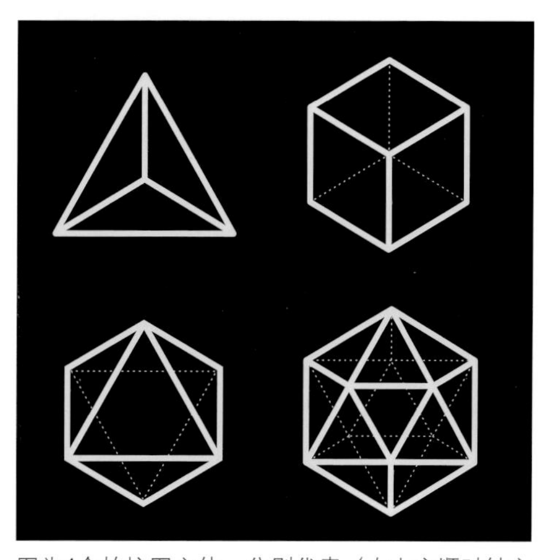

图为4个柏拉图立体，分别代表（左上方顺时针方向）火、土壤、水和空气。

法国的原子观

似乎没有一个人注意到古代希腊和17世纪两个时期的原子理论有何不同。17世纪时，两个法国哲学家勒内·笛卡尔（1596—1650）和皮埃尔·伽桑狄（1592—1655）重新开启了这一连串的复杂问题。

如前所述，亚里士多德认为一系列特性赋予了初级物质的一些实质形式。该观点在中世纪的欧洲高校中得到了发展，甚至在笛卡尔和伽桑狄分别开始思考物质的本质时仍然盛行。人们认为物质没有自己独特的性质，而如形状、颜色和结构的属性则是其存在形式赋予的。所以，羽毛中的物质与泥泞的水坑或桌子中的物质的属性没有什么不同。笛卡尔否认该观点："如果你觉得很奇怪，我没有用那些哲学家所谓的热、冷、湿、干等性质，我告诉你们，是因为这些性质对我而言是需要解释的。"

勒内·笛卡尔对数学、天文学以及哲学等思想领域都做出了巨大贡献。

相反，笛卡尔认为用可以由经验确定的性质解释所有无生命物体的"运动、大小、形状以及其各部分的排列"是可能的。尽管如此，笛卡尔并没有利用和学院派方法大为不同的方法构建模型。像他们一样，笛卡尔还是沿袭和科学方法恰好相反的方法——从建立一个形而上学的模型开始，然后在物质世界寻找支持该模型的证据。笛卡尔甚至批评伽利略“没有考虑到本质这个首要因素，而是仅在一些特定的影响中寻找解释，因而他所建立的是毫无根据的模型”。

笛卡尔认为物质可以无限分割，形成没有空隙的连续统一体。不过，他的模型确实包含粒子。相信粒子概念的希腊人同时也认为这些粒子可以在空间中移动。然而，笛卡尔有自己的想法：他相信宇宙充满拥挤不堪的物质，但又足够宽松到允许微小粒子穿过它。这就像一个有鱼和蝌蚪的池塘：物质是连续的，且有一些部分——鱼和蝌蚪——可以通过水的其余部分（也是水）运动，而后者紧跟其后，以确保填补由于运动导致的空隙。

炼金士罗伯特·弗拉德在《地球的形成》一书中提出，加热晶体会产生“百万个能够感觉到的原子飞舞在空中”。他认为地球的形成可以从化学中得到合理的解释。尽管他仍相信原始的希腊元素说，但弗拉德认为所有的东西都可能是由原子构成的，正如一些哲学家所猜测的那样。

伽桑狄是一个更传统的原子论者，他还提出了分子的概念。他不仅继承了古人的论据，而且参考了自己平日总结的证据，例如在1643年发明的气压计（见93页）就证明空隙的确存在。他关于原子存在的论点大多是基于传统哲学的论点，但是他的结论至今仍然站得住脚：所有的物质一定共享着一些基本的本质特点，而原子就具有这些特点。

在一系列从卢克莱修理论中发展过来的论点中，伽桑狄认为原子必须是硬的

（结实的）。如果原子是软的，那么就不可能有硬的物体。另一方面，如果原子是硬的，那么由不那么致密的原子堆积而成的物质就可以是软的，因为原子之间有可以让物体变形的空间。原子多变的结构也使得物质具有了可渗透性。伽桑狄基本上很少考虑原子是否真的存在，而是始终相信原子存在的假设是最可能和可行的假设。

为了满足我们看到的周围物质的多样性，伽桑狄提出了原子的多样性。他认为原子的大小和质量是有限的，但是却有各种各样的形状。原子具有运动的自然趋

冷原子和热原子

说到热原子，伽桑狄受希腊唯物主义者伊壁鸠鲁（公元前341—公元前270）的影响，将热和冷分别解释为由发热与制冷原子导致。

17世纪，热理论的检验主要通过冷冻过程实现。笛卡尔的连续物质模型认为，稀薄的物质将水从其“孔洞”中排出，剩下的部分紧密连接，形成了固体冰。伽桑狄认为这是制冷原子进入水中的结果。英国哲学家托马斯·霍布斯认为，进入水中的粒子只是空气，而这些空气的存在阻碍了水的运动。而其他人认为，是一些盐粒子逐渐潜入水分子之间，像钉子一样将它们固定在一起而形成冰。

为了证明霍布斯的空气制冷观点是错误的，波义耳将一只小鸟放在一个真空环境中进行实验，这成为后来该领域中非常有名的一个证明实验。尽管通常认为这个实验证实的一点是，空气可以从烧瓶抽出而形成真空环境——这本身是个不争的事实，但事实上这个实验本来是为了证明真空中也可以发生制冷现象。所以，实验证明了在冰的形成过程中，所谓的制冷物质（空气）不是必要的。（没有了空气，鸟就会因飞不起来而掉到容器的底部，并且将会窒息而死——以此证明实验环境是真空。）最终，这个“残酷的”实验为霍布斯和波义耳之间持续10年的争论给出了结论。

势，是其质量作用的结果。一些敏捷而活跃的原子会聚集在一起，形成我们周围静止的物体。在体积增大的时候，它们会因为某些原因产生惯性，但物体只有在一定条件时才会移动。伽桑狄关于原子运动的说法十分具有说服力，它们能够“解开自己，解放自己，跳跃，撞击其他原子，把它们赶走，远离它们，同样有能力抓住彼此，互相依附，结合在一起，彼此迅速成键”。在这之后，他又提出了类似分子的概念。

伽桑狄把亚里士多德的热、冷、湿和干的特性转变为原子的四种不同类型。热原子，小且圆，而冷原子是尖尖的锥体。他认为，这解释了为什么冷会让人感觉刺骨。他认为光（热）、声音和磁性都是由原子组成的。伽桑狄认为光或热原子比其他原子运动快，而蒸发作用就是液体中原子之间空隙增大的结果——该解释得到了现代化学家们的肯定。但是，伽桑狄认为原子之间空隙增大是由于热原子移除一些实质原子使空隙率增加的缘故。他认为，固体溶解在溶液中时，原子是以一个液态原子和一个固态原子咬合在一起的形式存在的。

从原子到分子

由于原子理论中指出只有少量种类的原子存在，所以无法解释物质的多样性，除非这些原子进行组合。而且，如果某一原则不能解释物质的特性，那一定还有其他原则存在。“微粒子存在论”的支持者罗伯特·波义耳认为，物质存在或改变的本质是粒子和粒子运动的结果，而不是按照原则进行组合的结果。1661年，他提出了一些观点，这些观点接近于原子和分子结合形成化合物的理念：“我所说的元素也是一种初级的和简单的，或者说完全纯净的物质。这些物质不是由其他任何物质构成的，它们是迅速构成完全混合体的成分，也是完全混合体分解后产生的最终成分。”

在一起

1704年，艾萨克·牛顿提出了一个对于化学领域来说非常重要的原理：“原子通过一些力的作用相互吸引，这种力在直接接触中非常强，使原子在短距离内发生化学作用。而且，这种力对原子周围环境也能产生明显的影响。”这是理解原子如何结合形成分子以及元素如何结合形成混合物的第一步。

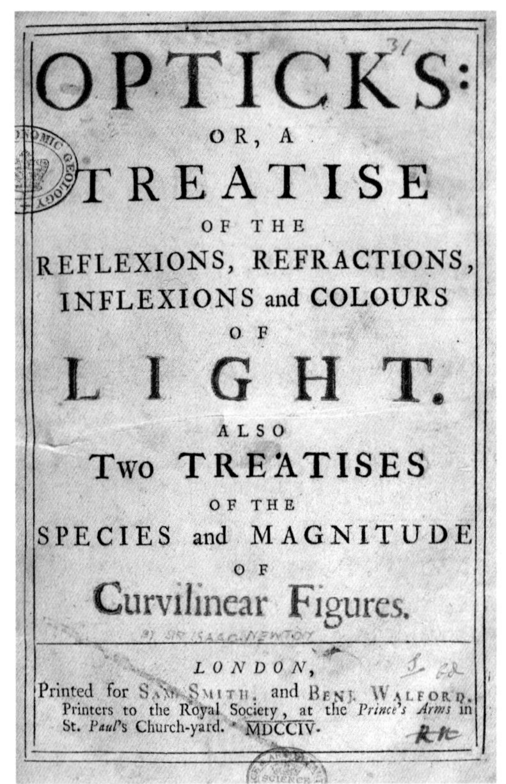

OPTICKS:
OR, A
TREATISE
OF THE
REFLEXIONS, REFRACTIONS,
INFLEXIONS and COLOURS
OF
LIGHT.
ALSO
Two TREATISES
OF THE
SPECIES and MAGNITUDE
OF
Curvilinear Figures.

LONDON,
Printed for SAM. SMITH, and BENJ. WALFORD,
Printers to the Royal Society, at the *Prince's Arms* in
St. *Paul's* Church-yard. MDCCIV.

牛顿《光学》（1704年版）一书的标题页。牛顿在这本书中提出了物质层级的概念。

> 难道不是因为水和油、水银和锑，以及铅和铁之间没有吸引力，才使得这些物质不能混合的吗；难道不是因为相互吸引作用较弱，水银和铜很难混合吗；难道不是因为存在强的相互吸引作用，水银和锡、锑和铁、水和盐很容易混合的吗？
>
> ——艾萨克·牛顿，《光学》，1704

原子及其亲和力

不同类型的原子之间的相互作用解释了为什么元素可以结合在一起形成化合物。此外，牛顿对此还给出了更进一步的解释。他表示，物质之间有一定的层级结构，而物质与物质之间的结合有一定的倾向性。之后，《光学》一书的法文译者艾蒂安·若弗鲁瓦对此进行了后续的研究，并于1718年发表了一个化学亲和力表。该表按彼此在一起反应的倾向性给出了不同物质的亲和力。

TABLE DE MR GEOFFROY en 1718.

Esprits acides.
Acide du sel marin.
Acide nitreux.
Acide vitriolique.
Sel alcali fixe.
Sel alcali volatil.
Terre absorbante.
Substances metalliques.
Mercure.
Regule d'Antimoine.
Or.
Argent.
Cuivre.
Fer.
Plomb.
Etain.
Zinc
Pierre Calaminaire.
Soufre mineral. [Principe.
Principe huileux ou Soufre
Esprit de vinaigre.
Eau.
Sel. [dents
Esprit de vin et Esprits ar-

若弗鲁瓦的亲和力表显示了各种物质的反应顺序。

若弗鲁瓦表的第一排（见上）是排头物质，在其之后是所有将和这些物质产生吸引力或反应的物质。如果条件合适，前面的物质将会取代其之后的任何一种物质抢先与排头物质结合。例如，第九列显示铁、铜、铅、银、锑和水银都能和硫结合，其中铁和硫之间的亲和力最大。到了18世纪，其他化学家又对该亲和力表进行了改善和扩充。

从亲和力到化学反应

化学反应的现代解释是，从反应物反应起始到生成产物结束这个时间段。这个解释从对亲和力的研究以及从亲和力表的发展而来。最初，苏格兰化学家威廉姆·卡伦用图表来表示化学反应的过程。1756年，他在格拉斯哥大学的一场关于亲和力的演讲中，解释了亲和力的

古代的亲和力理论

在13世纪，阿尔伯特斯·马格努斯曾利用“亲和力”概念来解释物质反应的可能性。他认为，物质的相似性、性质的相似性或相互之间的关系越紧密，它们之间就越容易发生反应。有关物质亲和力的概念最早由希波克拉底提出，而马格努斯则将它应用到了化学中。

不同是如何导致一种复合物中化学物质的变化，并用括号和箭头来表示这种过程。在卡伦对反应的描述中，括号代表成键的化学物质，箭头表示亲和力的方向（如下面的图所示）。卡伦对化学反应的这种表示方法源于炼金术符号，所以这种表示方式看起来很神秘。

随着时间的推移，亲和力表的内容变得更丰富和复杂，但很明显它不会无限地扩展下去。瑞典化学家托尔贝恩·伯格曼在1775年绘制了一张史上最大的亲和力

N：A 银	{⦶> ☾} ↘ ♀	[$Cu+2AgNO_3 \rightarrow Cu(NO_3)_2+2Ag\downarrow$]
N：A 铜	{⦶> ♀} ↘ ♂	[$Fe+Cu(NO_3)_2 \rightarrow Fe(NO_3)_2+Cu\downarrow$]
N：A 铁	{⦶> ♂} ↘ Z	[$Zn+Fe(NO_3)_2 \rightarrow Zn(NO_3)_2+Fe\downarrow$]

在卡伦的图中，N：A表示亚硝酸。该序列表明，在亚硝酸银溶液中，铜将取代银，导致银沉淀出来（行1）；铁将取代铜（行2）；锌将取代铁（行3）。

伯格曼绘制的冗长的亲和力表，使用起来十分不便。

> **人的亲和力**
>
> 亲和力表的潜在寓意并不难理解。在一段反应过程中，如果一种化学物质在一段关系中与同伴亲和力更高，那么就会代替之前与该同伴一起的物质，这样的原则同样适用于社交或感情关系。约翰·歌德，一位博学的德国科学家及作家，以伯格曼的亲和力表为背景，写出了一篇短篇小说，讲的是社交关系中时常出现的一种场景，那就是人们总是与教会的任职者更亲近。《亲和力》这篇小说于1809年出版，歌德公开承认它的内容是基于伯格曼的亲和力表。

表，作为折叠式插图收录在他的《一篇关于选择性吸引力的论文》中。这张表有59列50行，涵盖了成千上万的反应，因此很难使用。伯格曼的表中罗列了25种酸、15种金属氧化物和16种金属矿物，而早先若弗鲁瓦的亲和力表只包含4种酸、2种碱和9种金属。

从18世纪70年代开始，人们逐渐发现亲和力随着温度的变化而改变，也就是说，需要考虑不同的温度条件制作不同的表。这就大大加剧了本已非常繁杂的系统的复杂程度。因此，解决这个问题并记录化学反应需要一些其他的方法。

关注原子

> 物质很有可能在本质上是相同的，只需要改变物质中微粒的两三处排列顺序，就可以得到几乎所有种类的复合物。
>
> ——汉弗莱·戴维，1812

化学科学的一些根本变化催生了一种新的方法。在英国，约翰·道尔顿把注意力转移到原子这个概念上，立马就解决了两个领域的问题。但他的成果并没有受到当时化学界的关注。

约翰·道尔顿是现代原子理论的奠基人。

一种新的原子理论

道尔顿率先尝试用一种观点一致且可理解的原子理论解释所有物质的本质。

道尔顿的原子理论分为四部分。这几部分的理论虽然有些限制，但基本健全，形成了现代化学的基础：

- 所有物质都是由不可分的原子组成的；
- 一个特定元素的所有原子都有相同的质量和性质；
- 化合物是由两种及两种以上的原子组成的；
- 一个化学反应包含原子的重排。

化学方法证明原子不可分是正确的，但通过放射衰变和核裂变，原子是可以分裂的。某一元素的原子的质量和性质通常是一致的，但元素有不同的形式，它们互

称为同位素。这些同位素有不同的化学性质，原子质量也有轻微不同（原子里中子数目不同）。

道尔顿将原子表述为：实心、巨大、坚固、顽固、可动的粒子。原子在当时还是理论性的，因为道尔顿无法解释它们的存在。因为原子是不可分的，所以它们只能按一定整数比例组成化合物。比如，水的化学式只能写成H_2O，而不能写成$HO_{0.5}$，因为半个原子是不存在的（尽管道尔顿认为水应该是HO）。

1803年，道尔顿在皇家学会的一系列演说中发表了原子理论，但该理论获得普遍认同的过程很缓慢。

两个恒定定律

道尔顿的原子理论基于两个原则：拉瓦锡建立的质量守恒定律和恒定组成定律。

拉瓦锡定律写明：化学反应中是不能创造或破坏物质的，只是组分的重新排列。通过燃烧，木材好像被破坏了，但事实上燃烧只是把碳、氢、氧和其他元素释放出来，以使其能够

约翰·道尔顿（1766—1844）

道尔顿早在12岁时就开始在英国大湖区的肯德尔教会学校做男教员。他家境贫穷，所以道尔顿很大程度上是自学成才。他成为色盲研究（他本人一直被色盲困扰）和气象方面的专家，后来对气体化学很感兴趣。从21岁起一直到57岁，道尔顿都一直坚持记气象日记，为后世研究留下了无比珍贵的记录。

道尔顿继承了查尔斯定律的衣钵，认为所有弹性流体在加热时会等量膨胀。他不同意拉瓦锡的观点，指出空气虽然不像溶剂，但也是粒子运动的机械系统。尽管最初道尔顿在演讲中发表过他的理论，但他还是把所有关于气体和原子的理论都编写进《化学哲学的新体系》（1808—1827）一书中。他认为原子尺寸是不同的，而且元素是以最简单的比例，如1：1结合的，不过这个说法没有任何根据。按照道尔顿的理论，水的化学式应为HO（实际为H_2O），氨气是NH（实际为NH_3）。

道尔顿的方法在当时并不流行，因为其主要是对物质的理论性而非真实性的描述。作为曼彻斯特大学教员中的一员，道尔顿被那些来自伦敦和巴黎的文雅且世故的同侪所轻视。

火是有改变能力的，但是该变化是原子重组导致的，而没有物质被破坏或产生。

重新组合成不同的化合物，而其中参与的元素的总质量并没有改变。如果我们在壁炉里燃烧木材，看起来好像是质量有损失，因为灰烬的质量比木材的小。然而，这是木材中的许多物质以气体或水蒸气的形式逸出的结果。

恒定组成定律写明：同一物质的组成永远相同。所有食用盐都是由钠和氯组成的，而且比例相同。

比较原子

如我们所看到的，为了解释不同气体的分压不同，道尔顿意识到不同气体的原子大小一定不同。得出这个结论后，下面需要做的就是尝试计算原子的相对大小。道尔顿通过称量固定体积的气体并观察和思考它们是如何组合在一起的，来确定原子的相对大小。

先前，拉瓦锡已经报道了水的成分包含87.4%的氧和12.6%的氢，而道尔顿据

此做了计算——假设它们按1∶1的比例结合——氧的质量一定和氢的7倍相当。因为他发现氢是最轻的元素，他以此为标准，赋予氢原子质量为1。随后更加仔细地测量，把氧的原子质量修正为7—8。1804年左右，道尔顿意识到他发现了一种新的有用的测量元素的方法。1803—1804年，道尔顿完成了原子质量列表，并于1807和1808年发表了测量原子质量的方法。（当然，道尔顿有一个基本的错误：氢和氧是以2∶1的比例结合在一起的，而不是1∶1，因而氧的原子质量是16。）

1794年，法国化学家约瑟夫·普鲁斯特提出了“定比定律”，指出元素总是以一定的质量比结合在一起的。普鲁斯特研究了锡的两种氧化物，并仔细地称量了形成每种锡氧化物所需要的锡和氧的质量，结果发现一种氧化锡是由88.1%的锡和11.9%的氧组成的，而另一种是由78.7%的锡和21.3%的氧组成的。第二种锡的氧化物所含氧是第一种的将近两倍。简化一下计算方法就会发现：100克的锡，要么结合13.5

铜制的屋顶随着时间的推移逐渐变绿，得到由三种矿物质组成的混合物——铜绿。

约瑟夫·普鲁斯特认为元素以整数比结合。

> **一切事物都源自氢**
>
> 英国化学家威廉·普鲁特（1785—1850）指出，已公布的原子质量似乎都是氢原子质量的倍数。在此基础上，他于1815年提出所有元素都是由氢原子团构成的，并称这个结构单元氢为“始质”（protyle）。
>
> 1828年，瑞典化学家约恩斯·雅各布·贝采里马（1779—1848）发表了更准确的原子质量，这似乎打破了普鲁特的说法，但也使他的假设受到了重视。值得注意的是，氯的原子质量为35.5，这就需要以半个氢原子为基本单元。（曾经有人提出过这一点，但是依然存在分歧，普鲁特的观点也逐渐淡出舞台。）1925年，人们发现了氯的“奇怪的”原子质量的原因——它是原子质量为35和37的同位素的混合物，而其平均值为35.5。

克的氧，要么结合27克的氧。因为13.5和27的比为1：2，这就支持了化合物按整数比形成的说法。普鲁斯特也测量了碳酸铜和硫化铁并得到了同样的关系：与金属结合的物质，不同质量之间都是整数比。道尔顿根据自己的原子质量理论理解了普鲁斯特的数字意味着什么：100克锡，要么结合13.5克的氧，要么结合27克的氧，因此一个锡原子，要么和一个氧原子（SnO）结合，要么和两个氧原子（SnO_2）结合。

又是气体

盖-吕萨克开始着手用充满氢气的气球进行一次大胆的飞行，以便测量气温、气压、空气的湿度与收集不同高度的大气样本。他最高到达了海平面以上7000米处。在1808年，他提出一个新的定律：“气体反应物和气体产物之间的体积比可以用一个简单的整数表示。”这就是著名的“盖-吕萨克定律”。他发现气体总是以简单的整数体积比结合，而产物的体积总是原来结合体

原子的表示

道尔顿首次用图形符号代表原子来说明原子结合的方式。他开始为每个元素设计图形符号，并通过这些图形符号的结合来表示化合物。但是，这一表示方法由于印刷上的困难而没有流行起来。不过也无妨，因为元素的数目已从36个增加到现在的远超过100个，而且这种方式对由两个或三个元素组成的分子来说十分简便，却不能很好地适用于由更多原子组成的更复杂的化合物。

幸好一个更好的方法出现了。1813年，贝采里乌斯提出的符号形式沿用至今：用元素的拉丁语名的首字母或前两个字母（如果这个元素的拉丁语名的首字母已经被用于表示其他元素）来表示这个元素；如果组成化合物的同种原子多于一个，就用一个下角标数字来表示个数。所以，H_2O表示两个氢原子和一个氧原子结合形成水。贝采里乌斯毕生致力于确定准确的原子质量，和推导大量化学式。

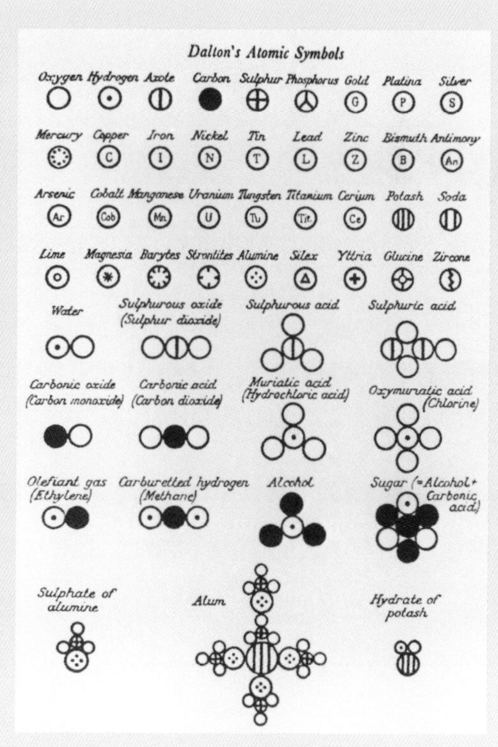

道尔顿的原子符号和分子符号（用结合在一起的符号表示）。图中最下面的一排的中间是明矾的符号，可以看出它有多复杂。

积的整数倍。例如，他发现两体积的氢气与一体积的氧气结合能够产生两体积的气态水。盖-吕萨克不能解释这个现象，但这是可靠且可重复的结果。

1811年，意大利化学家阿莫迪欧·阿伏伽德罗伯爵（1776—1856）对盖-吕萨克的发现给出了解释。他认为等温等压下，相同体积的气体总含有相同数目的粒子。因此，相同温度下，1立方米氧气将包含和1立方米氢气、氮气或任何其他气体一样多的粒子。阿伏伽德罗把他的想法应用到盖-吕萨克的发现上，即如果粒子数

减少，则两单元的气体结合产生一单元的气体。

进一步考虑，阿伏伽德罗第一次意识到一种元素可能不是以单个原子的形式存在，而是以分子的形式存在的。但此前大家都以为分子包含着不同元素的原子，而没有考虑过由单一原子组成的情况。推断氢气和氧气以分子的形式存在，每个分子由该元素的两个原子组成，此时盖-吕萨克的测量就讲得通了：

$$2H_2+O_2\rightarrow 2H_2O$$

换言之，四个氢原子和两个氧原子生成两个水分子。

从分子到摩尔

阿伏伽德罗继续对气体的研究。在把注意力转到质量和密度上后，他发现：如果相同体积的气体总是包含相同数目的粒子，比较相同体积的不同气体的质量就得到粒子的相对质量。因此，如果1体积氢气重1克，1体积氧气重16克，我们就可以说氧气粒子的质量是氢气粒子的16倍。

阿伏伽德罗的发现没能对化学世界产生较大影响，原因有如下几点：当时他所在的意大利不是杰出的化学研究中心；他将结果发表在一本没有广泛读者群的法文杂志上；而且，最重要的是，他的观点和当时德高望重的科学家如道尔顿和贝采里乌斯的观点相悖。直至阿伏伽德罗去世后，他的发现所包含的丰富意义才得到理解。

推理证实原子的存在

关于原子的证据最早出现在1827年，而最终证明原子存在的是阿尔伯特·爱因斯坦，他是在将近80年后才做到的。英国植物学家罗伯特·布朗在显微镜下检验一粒花粉时，注意到花粉在镜片中随意地游荡，而不是静止地待在一个地方。起初，他把这看作生命的迹象：假设花粉在其自身的意志力控制下移动。但是，随后他检查一个很小且没有生命的物体时却观察到同样的运动，这便是众所周知的“布朗运动。”

1905年，爱因斯坦对此给出了解释：水是由看不见的不断运动的小粒子（分

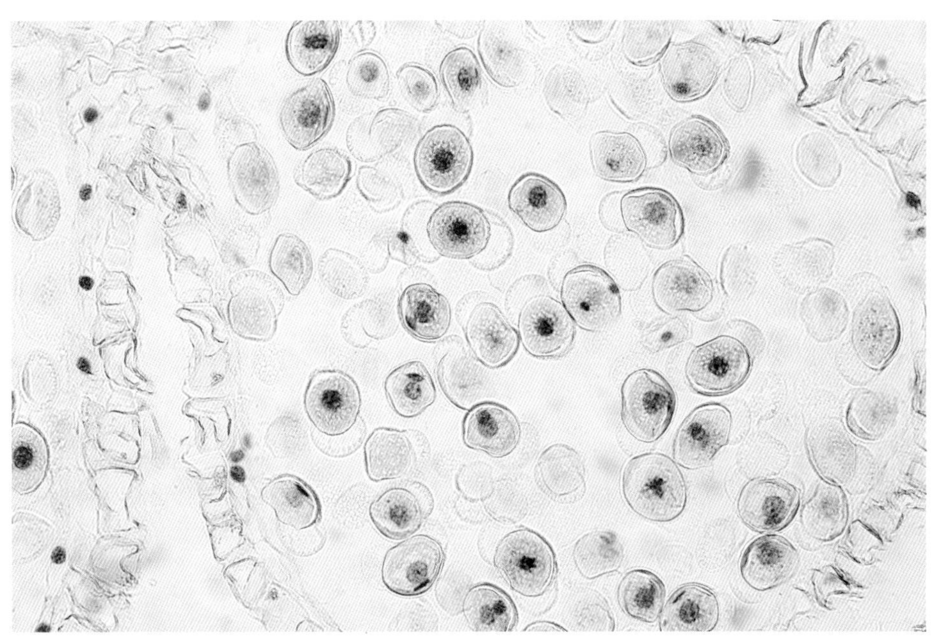

通过显微镜可以观察到足够小且轻的花粉粒被水分子挤在一起。

子）组成的，这些粒子与任何相接触的粒子相撞都会导致后者移动，如花粉粒。爱因斯坦推导出了粒子在这些条件下运动的数学模型。1908年，让·佩兰进行了布朗运动实验，证实了爱因斯坦的预言，第一次验证了原子（或者至少分子）的存在。

元素的聚集

尽管道尔顿试图弄清楚一个化合物分子由多少个元素的原子结合形成，但他没有解决它们的结合机理。而直到人们弄明白原子的结构之后，这个问题才得以完全阐明。

以下是几个早期试图解释原子如何结合在一起形成化合物的理论。牛顿推测在短距离内有一些很强的“力”，但这一推测相当模糊。直到100多年后，一些更具体的理论才被提出。

原子键

爱尔兰化学家威廉·希金斯（1763—1825）早于道尔顿19年，就提出了与道尔顿的原子论相似的说法，尽管没有道尔顿的描述那么完善。希金斯是一个不太有名的化学家，他生活在都柏林——一个远离欧洲科学界的城市。尽管后来汉弗莱·戴维帮助他赢得了其主张的优先权，但他的工作仍没有引起什么关注。而希金斯尝试了一些道尔顿没能做成的事：他解释了“最基本的粒子”（原子）如何通过“力”的作用结合在一起，并试图定量化这一力的作用。

希金斯认为，如果氮原子和氧原子之间的力是6（此处没有单位），那么平均划分NO_3中的力，则N和O分别为3。如果氮以不同数量的原子参与形成不同的化合物，则氮的那部分3将在所结合原子中被分割（见下图）。

贝采里乌斯可能从亚历山德罗·伏打那时刚完成的电堆或者说电池发明中得到了启发，在1819年提出正负电力可能是原子之间相互吸引作用的原因。然而，他没有进一步给出解释。这个问题直到19世纪50年代都没有进展。

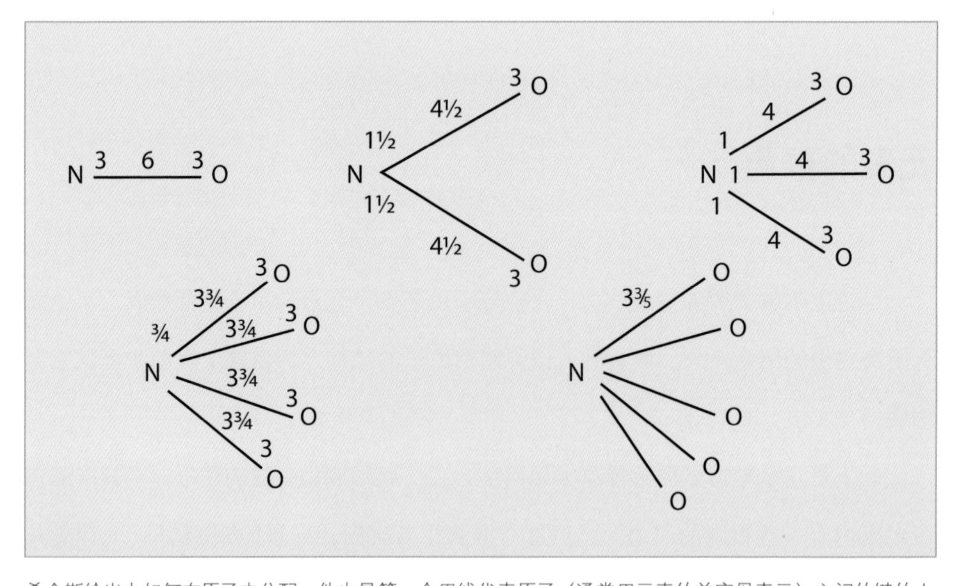

希金斯给出力如何在原子中分配。他也是第一个用线代表原子（通常用元素的首字母表示）之间的键的人。

亲和力形成键

1852年，关于原子如何成键这个问题的答案开始浮现，当时英国化学家爱德华·弗兰克兰提出了解释不同元素的亲和力的理论。他认为原子有允许它们与一定数量的其他原子结合的“结合力”。当达到它们结合力的极限时，它们就处于饱和状态而不能再进行任何结合。他指出一些元素会通过和三个原子结合形成化合物，成为另一种物质，例如NH_3、NO_3和NI_3。因此，弗兰克兰认为这种结合是这些元素（如此处的氮）的最佳状态。

很快在1858年，阿奇博尔德·斯科特·库珀提出了一种新的考虑亲和力的方法。他提出两个结合在一起的原子之间形成了键，并用直线和化学元素符号来表示。三年后，奥地利科学家约瑟夫·洛施密特提出用双线和三线来代表双键和三键，并用圆来表示他认为可能有环形结构的许多物质。

洛施密特的大学同学路德维

伏打电堆（第一个电池），由铜、锌和浸泡有盐水的纸板交错堆叠而成。顶部和底部用电线连接起来，形成通路，使电流流动。

> 趋势或定律表示，不管结合原子的特征怎样，相互吸引的元素之间的结合力（如果这个术语可以被接受的话），总能被相同数量的这些原子所满足。
>
> ——爱德华·弗兰克兰，1852

希·玻尔兹曼基于有成键倾向的原子区域理念，给出了化学键的定义：“当两个原子位于接触或部分重叠的敏感区时，它们之间就会产生化学吸引而相互作用。那么，我们就可以说它们彼此形成了化学键。”

关于化学键和结构的描述与推论的最重要工作，是在有机化学中发现最复杂的分子时完成的。这是下一章的主题。可以说，表示分子结构的方法，在发现化学键到底如何在原子水平上形成的之前，就得到了推进。

组织元素

道尔顿关于元素的原子如何结合形成化合物的解释需要先弄清楚哪些物质是元素。如前所述，拉瓦锡给出了第一个元素列表，但事实上，那里面只有大约三分之二是真正的元素。

1摩尔的各种元素。后排从左至右依次为：水银，硫黄，铅，镁，铜。玻璃皿里是铬，下面垫的是铝。

元素激增

拉瓦锡列出了33个元素，其中有23个被确认是元素。道尔顿列出了36个（且均为元素），贝采里乌斯指出了47个。到1850年，已知的元素达到55个，而在1869年，俄国化学家德米特里·伊万诺维奇·门捷列夫已经能列出63个元素。

化学家对逐渐增多的元素感到惊慌，因为不久之前人们还认为只有四个元素。而且，这些元素的性质也千变万化。是否有什么方法可以把出现的元素按照一定的自然顺序排列呢？

三个一组，八个一组以及螺旋排列

1817年，德国化学家约翰·德贝莱纳发现可以根据原子质量来对元素排序，这也是历史上第一次按原子质量来进行排序。他将有相似特性的元素按照三个一组排列。每组中间的那个元素的原子质量大约是其他两个元素的平均值。例如形成碱的元素锂（7）、钠（23）和钾（39）以及形成盐的元素氯（35.5）、溴（80）和碘（127）。然而，这并没有带来太大的进展，而且当时的原子质量存在相当大的误差。

在原子质量方面，后来的化学家取得了重大发展。1860年，在德国卡尔斯鲁厄举行的第一届国际化学会议（见165页）提出了阿伏伽德罗假说。很快，更准确的原子质量列表就相继发表。1862年，法国地质学家德·尚寇特斯第一个以修改后的列表为基础，给出了元素周期表的雏形。他在包裹在圆筒上的一张纸上，列出了按原子质量顺序排列的元素，以每16个元素为一个循环。于是，卷纸上就出现了螺旋排列的元素，德·尚寇特斯称之为“碲螺旋”，因为元素碲在图的中间。这一排列没有产生任何影响就销声匿迹了，可能是因为德·尚寇特斯发表这一排列的时候没有附上有助于理解的原始图。不过，他的列表也存在不少问题。尽管一些元素的位置是对的，但有些元素不是位置错了，就是出现了两次，而且还有一些德·尚寇特

斯所列“元素”其实是化合物。

1864年，英国化学家约翰·纽兰兹把元素按照原子质量排列，发现这些元素都遵循“八度法则”，即每个元素的特征与前后8个位置的元素特征相似。然而，他的工作并没有引起人们的注意，因为他把铁与氧和硫放在同一组中，而它们并没有共同的性质。

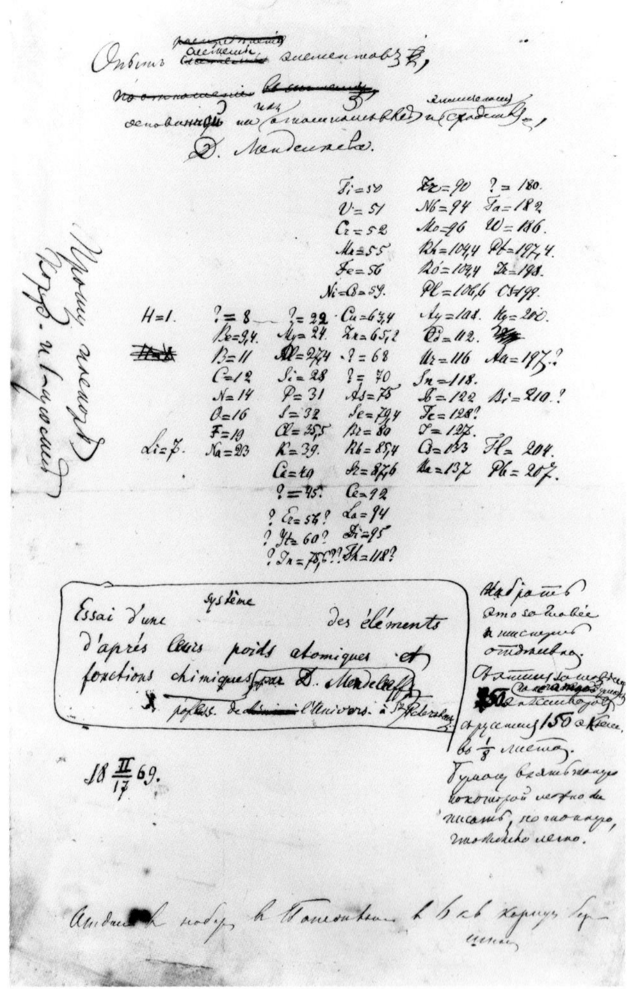

D. Менделеева.

			Ti=50	Zr=90	?=180.
			V=51	Nb=94	Ta=182.
			Cr=52	Mo=96	W=186.
			Mn=55	Rh=104,4	Pt=197,4.
			Fe=56	Ru=104,4	Ir=198.
			Ni=Co=59.	Pl=106,6	Os=199.
H=1.	?=8	?=22	Cu=63,4	Ag=108.	Hg=200.
	Be=9,4.	Mg=24.	Zn=65,2	Cd=112.	
	B=11	Al=27,4	?=68	Ur=116	Au=197?.
	C=12	Si=28	?=70	Sn=118.	
	N=14	P=31	As=75	Sb=122	Bi=210.?
	O=16	S=32	Se=79,4	Te=128?	
	F=19	Cl=35,5	Br=80	J=127.	
Li=7.	Na=23	K=39.	Rb=85,4	Cs=133	Tl=204.
		Ca=40	Sr=87,6	Ba=137	Pb=207.
		?=45.	Ce=92		
		? Er=56?	La=94		
		? Yt=60?	Di=95		
		? In=75,6??	Th=118?		

Essai d'une système des éléments d'après leurs poids atomiques et fonctions chimiques par D. Mendeleeff

18 II/17 69.

门捷列夫的第一元素周期表和我们现在所见的一点也不像。这版的主体是在中间较长的八行。后来，表被旋转了90度，成为今天所见的样子。标记“？”的地方表示他认为应该存在某种元素，尽管他还不知道原子质量。

德国化学家尤利乌斯·洛塔尔·迈耶尔绘制了相对于元素原子体积的原子质量图（用现代术语来说就是，相对于1摩尔固体元素体积的1摩尔元素质量）。迈耶尔发现一个周期性模式：随着体积的增加，原子质量按照周期性的顺序降低。而这正是俄国化学家德米特里·门捷列夫将解决的难题。不幸的是，迈耶尔虽在1865年发现了周期性，却没有公布，一直到现代元素周期表的创始人门捷列夫发表其论文一年后，他才公布自己的发现。也就是说，他们各自独立地完成了相似的工作。

卡片上的元素

和迈耶尔一样，门捷列夫参加了卡尔斯鲁厄会议，并受到启发，开始研究原子质量和周期。他先在卡片上写下当时已知的60个元素的名称，以及它们的原子质量和特征。传说，在他即将失去耐心的时候，脑海中突然浮现出一个想法：他可以把卡片上的元素按照原子质量升序排列，看看是否会有规律出现。

门捷列夫一小时又一小时地重新排列卡片。他发现，把它们按原子质量排列是有意义的——类似的属性总是重复出现，但他还把握不了完整的模式。最后，他把它们放在一边去睡觉了。然而，神奇的是，答案来到了他的睡梦中。醒来后，他把结果写了下来。

门捷列夫排列的第一版元素周期表与他之后发表的有很大不同。那时的“列”对应现在的“排”，而那时的“排”与现在的“列”对应，氢（H）和锂（Li）分列于表

在睡梦中，我看到了一张表，所有的元素都按序就位。醒来后，我立刻把它写在了一张纸上。

——德米特里·门捷列夫

德米特里·门捷列夫
(1834—1907)

门捷列夫出生在俄国西伯利亚的一个大家庭——有多达16个兄弟姐妹。父亲在他13岁的时候去世。15岁时，母亲的玻璃制造工厂被烧毁。之后，年轻的门捷列夫搬到了圣彼得堡，并受训成为一名教师。到了20岁的时候，门捷列夫感染了肺结核，不得不经常在床上工作。这远不是一个有希望的开始。但结果证明，门捷列夫确实是一个很有前途的化学家，并且非常杰出。他曾和伟大的德国化学家罗伯特·本生（见204页）同在海德堡大学工作。在这里，门捷列夫第一次接触光谱（见202页）。1860年，他也参加了卡尔斯鲁厄会议。

1861年，门捷列夫回国后，对化学的热情依旧高涨。33岁时，他成为圣彼得堡大学的化学教授，并出版了两本非常成功的书。而且，这两本书还被传到俄国之外的其他地方，发挥了不小的影响。门捷列夫的最高成就是他对元素周期表的发展做出的贡献。

门捷列夫被誉为“元素周期表之父”。

头。门捷列夫不知道稀有气体，所以排从以氟（F）开头的卤素开始到以钠（Na）开头的碱金属。查看首版门捷列夫表，可以看到最后一行是从锂（Li）到铯（Cs）的碱金属，但错误地把铊（Tl）放在了这一行。

1871年，门捷列夫把该表旋转了90度——这也是我们现在所见的形式。

填补空缺

尽管第一个把元素按照原子质量排列的并不是门捷列夫，但他是最成功的。他成功的主要原因是，他建议修正一些元素的原子质量，以调整其在列表中的位置，并留下他认为应该存在的元素的空位，还预测了它们的一些属性。当使用正确的原子质量进行推算及排序时，元素巧妙地“镶嵌”在了门捷列夫元素周期表上。最重要的是，当新元素被发现时，他留下的一些空位被填补上了。

被发现的第一个预测元素是镓，门捷列夫在表上将它列为“准（eka）–铝”。（他这样命名是因为这个物质排在铝之后，而“eka”在梵语里的意思是“1”。）1875年，法国化学家保罗·埃米尔·勒科克·德布瓦博德兰则用古代法国的拉丁语

名［“加利亚”（Gallia）］为其命名。除了一点，它的特性和门捷列夫预测的非常匹配。这一点就是，当时德布瓦博德兰给出的密度值为4.9克/立方厘米，而门捷列夫认为应该是6.0克/立方厘米。当再次核查镓的密度后，德布瓦博德兰把密度值修正为5.9克/立方厘米，这就证明门捷列夫的推测是对的。不久，又有两个预测的元素被发现：1879年发现了钪，1886年发现了锗。

这些发现证明了元素周期表的有效性，但是门捷列夫没能在他的有生之年看到完整的列表。直到死后50年，他预测的最后两个元素才被发现。不过，他确实见证了稀有气体的发现。起初，稀有气体的发现令他感到困惑，但不久他就发现这也巩固了之前确定的模式。为了纪念门捷列夫，人们把1955年发现的101号元素命名为钔。

即便如此，门捷列夫的周期表也存在一些问题：一些元素的位置似乎颠倒了。例如，碲和碘是相邻的两个元素，如果按照它们的原子质量顺序排列，却不能满足它们具有属于相邻列的特性的条件；但是，如果按其特性进行放置，那么表中元素的原子质量就不再有序。这一难题直到1913年发现原子的本质之后，才得以解决。

镓晶体，第一个被发现的门捷列夫预测的元素。

越来越多

起先，门捷列夫表的第七列一直有一个空位，用于放原子序号为43的元素。在1828年和1908年之间，人们提出了几个候选元素，但结果证明都不是43号元素。其他的空缺都已经填补上了，只有这个位置一直在等待新的元素出现。最终在1936年，锝填补了这个空位。但是，该元素并不是从自然中发现的，而是人造的。锝成为截至目前的24个合成元素中，第一个被合成出来的。事实上，早在1925年，锝可能就被合成出来了，但是声称发现该元素的德国化学家没能够重现这一结果。

与其他被发现的合成元素一样，锝是放射性元素，具不稳定性，这也就解释了其作为天然元素的稀缺性。锝的同位素（铀−238自发裂变产生的）在地球上的数量确实很少。锝的同位素的半衰期大约为100纳秒到420万年（见143）。没有自然存在的锝被发现的原因是，在地球形成初期就存在的东西都已衰变并变成别的东西。确实存在的少量锝是最近的放射活动所产生的。一些红巨星上存在天然锝。

元素周期表

分组周期	1	2	3	4	5	6	7	8	9	10	11	12	13	14	15	16	17	18
1	1 H																	2 He
2	3 Li	4 Be											5 B	6 C	7 N	8 O	9 F	10 Ne
3	11 Na	12 Mg											13 Al	14 Si	15 P	16 S	17 Cl	18 Ar
4	19 K	20 Ca	21 Sc	22 Ti	23 V	24 Cr	25 Mn	26 Fe	27 Co	28 Ni	29 Cu	30 Zn	31 Ga	32 Ge	33 As	34 Se	35 Br	36 Kr
5	37 Rb	38 Sr	39 Y	40 Zr	41 Nb	42 Mo	43 Tc	44 Ru	45 Rh	46 Pd	47 Ag	48 Cd	49 In	50 Sn	51 Sb	52 Te	53 I	54 Xe
6	55 Cs	56 Ba	57-71 *	72 Hf	73 Ta	74 W	75 Re	76 Os	77 Ir	78 Pt	79 Au	80 Hg	81 Tl	82 Pb	83 Bi	84 Po	85 At	86 Rn
7	87 Fr	88 Ra	89-103 **	104 Rf	105 Db	106 Sg	107 Bh	108 Hs	109 Mt	110 Ds	111 Rg	112 Cn	113 Nh	114 Fl	115 Mc	116 Lv	117 Ts	118 Og
		*	57 La	58 Ce	59 Pr	60 Nd	61 Pm	62 Sm	63 Eu	64 Gd	65 Tb	66 Dy	67 Ho	68 Er	69 Tm	70 Yb	71 Lu	
		**	89 Ac	90 Th	91 Pa	92 U	93 Np	94 Pu	95 Am	96 Cm	97 Bk	98 Cf	99 Es	100 Fm	101 Md	102 No	103 Lr	

图例

类金属

未知化学性质

金属……碱金属　碱土金属　镧系元素　锕系元素　过渡金属　后过渡金属

非金属……多晶非金属　双原子非金属　稀有气体

周期表的当前状态（2017）。人们正在尝试合成猜想的119号元素（第一列中的一个碱金属）。

随后被发现的合成元素是：1940年的钚和1944年的锔。一旦球开始滚动，就会迅速发现更多的合成元素，目前（截至2017年）发现的合成元素高达24个。

原子真的不可分割了吗

整个19世纪，由于道尔顿原子理论的确立，人们一度认为原子是最小的粒子，并且如道尔顿所声称的那样，原子结实且独具特色。但是，到了19世纪末，不得不修正这一说法，因为原子似乎完全能够被分解。

原子可以通过放射性衰变而变化的认识，并不符合不可分原子的概念。原子的名字表示“不可切割”，原子的不可分割性一直是其最典型的特征，而这一说法即将改变。

星星点点

19世纪80年代，英国物理学家约瑟夫·汤姆森（1856—1940）正在用一个阴极射线管和一个磁铁做实验的时候，发现产生的绿色光束由原子质量仅为两千分之一的负电荷粒子组成。他能找到的唯一解释就是，这是一种亚原子粒子，或者说是脱离原子的东西，因此道尔顿所说的原子不可分割是错误的。汤姆森发现的正是电子。

1897年，汤姆森发表了他设计的

放射性和半衰期

放射性物质是一种通过释放能量和粒子（辐射）不断改变的物质。元素衰变成另一种物质所改变的量，有一半已经完成时所用的时间，就是元素的半衰期。例如，碳测定年代中使用的碳-14的半衰期约为5730年。这意味着如果你有10克碳-14，5730年后，一半（5克）的碳-14会通过损失β粒子（高能电子）而衰变为氮-14。如果你有足够的耐心，再有5730年，剩余的一半（2.5克）也将衰变，以此类推。半衰期最长的元素是碲-128，为7.7×10^{24}年——是宇宙寿命的1000000亿倍还多。原子序数高于99的元素没有应用到研究以外的领域，因为它们的半衰期短。

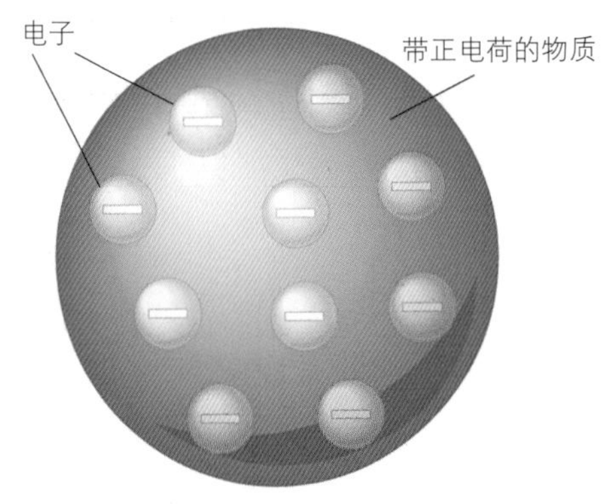

汤姆森的原子模型（左侧）——大量正电荷（红色）中镶嵌着负电子（蓝色），由于其类似于传统的英国圣诞布丁（右侧）而被称为“梅子布丁”模型。

新的原子模型。由于物质不会带负电，所以他认为一定还有一些东西可以平衡他发现的带负电性的粒子，并提出在负电荷粒子周围有大量带正电的物质。他的原子模型被称为“梅子布丁”模型：负电性的电子就像布丁上的葡萄干，分布在代表原子其他部分的正电性的“布丁”中。就在汤姆森制定模型的时候，推翻它的模型也逐渐建立起来。

从布丁模型到行星模型

1895年，德国化学家威廉·伦琴发现X射线。第二年法国物理学家亨利·贝可勒尔发现放射现象：铀衰变时产生两种射线。这在1898年得到了欧内斯特·卢瑟福（1871—1937）的证实。卢瑟福把它们命名为阿尔法（α）射线和贝塔（β）射线。卢瑟福出生在新西兰，但当时在加拿大工作。不久之后，卢瑟福发现“射线”其实是粒子束。结果证明，阿尔法粒子是氦原子核，贝塔粒子是高能量的高速电子。

到了1907年，卢瑟福搬到英国曼彻斯特，并在那里和汉斯·盖革进一步研究辐射。他们把镭放射性衰变产生的α粒子通过真空发射到薄金箔上。卢瑟福预计粒子会沿直线穿过，或者偶尔出现轻微的偏转。

新的辐射元素

在贝可勒尔发现放射现象之后，波兰化学家玛丽·居里（1867—1934）开始研究铀的放射活性。她的第一个发现是铀的辐射来自元素本身，而不是来自与环境的相互作用，这强烈表明原子不是不可分割的。她的研究使她又发现两个放射性元素钋和镭。她还注意到镭能够破坏肿瘤细胞，这成为癌症放射治疗的基础。1903年，居里夫人成为第一个女性诺贝尔奖得主，这也表明居里夫人在放射现象方面的工作得到了认可。1911年，居里夫人因钋和镭的发现被再次授予诺贝尔奖，这使她成为第一个获得两项诺贝尔奖的人。目前，获得两次诺贝尔奖的人只有四位，而她是其中唯一一位女性。

玛丽·居里（坐着的）和她的女儿伊雷娜。

粒子产生的闪光很弱，必须仔细观察和手工计数（直到盖革发明了“盖革计数器”）。计数闪光是枯燥无味的，1909年，卢瑟福将这一任务交给了一名研究生埃内斯特·马斯登。卢瑟福没有指望马斯登会发现什么有趣的东西。然而，他错了。几天后，马斯登发现一些粒子会发生角度非常大的偏离，有一些甚至直接反弹回来。这完全出乎意料，全盘否定了原子的“梅子布丁”模型。分散的正电荷不可能如此排斥α粒子，所以之前提出的“梅子布丁”模型一定是错的。

卢瑟福能够给出的唯一解释是，α粒子被集中在一个小体积里的正电荷排斥。少数直接碰到这种微小的电荷中心的α粒子，会以相当大的力从它们的轨道上返回。其他粒子根据它们接近电荷中心的程度，将发生或大或小的角度偏转。

卢瑟福重新改造原子模型，以使其符合他的发现。他让所有的正电荷集中在原

> 这个粒子就像你点燃了一个放在纸巾上的15英寸（约38厘米）的炮弹，它返回来，然后击中了你。
>
> ——欧内斯特·卢瑟福

子中心一个非常小的空间内，负电荷则在其周围相当大的范围内分散。该模型解释了他的结果：正如他最初预料的那样，大多数α粒子沿直线通过，因为原子的大部分分散的是负电荷或空的空间，非常少量的粒子遇到正电性的核被猛烈地排斥。后来，原子核中的正粒子被命名为“质子”。1917年，卢瑟福证实了它们的存在。

1911年，卢瑟福发表了他的发现。仅仅两年之后，丹麦物理学家尼尔斯·玻尔改进了他的模型。玻尔提出电子绕指定的壳或轨道运动，而不是在原子核周围随意“游荡”。因为该模型类似于行星绕恒星运动，所以被称为“行星模型”：每个行星必须沿着自己的轨道运动而不能随意漫游。20世纪20年代，玻尔的模型得到了改善，其中的轨道被认为是能级而不是空间位置。

从原子质量到原子序数

1913年，英国物理学家亨利·莫塞莱解决了元素周期表的最后一部分难题。当时，莫塞莱在为卢瑟福工作。他说服卢瑟福，让他研究元素的X射线谱（见207页），希望找到一种可能与周期性有关的模式。最终，他成功了。莫塞莱发现元素原子核中的正电荷不同，如果他们按照这个电荷的大小，即现在所谓的原子序数，

> 这里，我们有一个证据，即原子中存在一个基本量，从一个元素到下一个元素时，会随之有规律地增加。而这个量只能是中心带正电的原子核的电荷数，因此这有力地证明了带正电原子核的存在。
>
> ——亨利·莫塞莱，1913

而不是原子质量排列，那么那些倒置的元素对就不会显得无序，且保持了周期性。莫塞莱对此给出解释：元素的反应活性和特性，反映了原子的结构，其可以用原子序数的函数来表示。莫塞莱的发现回答了当时一些令人困扰的问题。其中一个问题关于

是否存在比氢更轻的元素：不可能存在，因为氢的原子序数为1，且不可能有元素的原子序数低于1。另一个问题是氢和氦之间是否还有其他元素。同样，答案是否定的：氢和氦的原子序数分别是1和2，因此它们之间没有空间存在另一种元素。

亨利·莫塞莱在牛津大学贝列尔—三一实验室。

莫塞莱的成就的重要性不言而喻。元素的原子序数等于原子中电子数与质子数之和（因为原子既不显正电也不显负电）。而且，电子数还决定了元素的反应性以及它如何与其他元素结合。但由于第一次世界大战的爆发，莫塞莱没能在有生之年看到自己的发现带来的巨大影响，他于1915年在加利波利战役中丧生。

1932年，詹姆斯·查德威克发现原子核中还有一种不带电的粒子，并将其命名为“中子”。中子的发现解释了原子质量和原子序数之间的不同。元素的原子质量是中子数与质子数的总和；通常每个元素的质子数和中子数是相等的，所以原子质量大约为原子序数的两倍。（电子的质量可以忽略不计。）

电子开始发挥作用

原子可以再分，至少可以分成电子和“别的什么东西”，这一观点一被接受，原子之间成键的机制就开始显现出来了：可能是离原子核较远的电子参与连接原子。

那么，一切都由氢而来吗

普鲁斯特提出的所有的元素都是由氢而来的假说，截至目前似乎并没有错。事实上，所有元素都是由恒星内部氢原子核聚变而产生的，但它们不等同于氢原子的集合。当氢聚变发生时，所产生的原子的质量不只是所参与的氢原子质量的倍数。“核结合能”，即核聚变释放的能量已经被移除。由于质量和能量基本上是可以互换的（如爱因斯坦所证明的），所以能量的移除使体系的质量减小。当56个氢原子核形成铁原子时，得到的原子质量大约为原始原子质量的99.1%，另外0.9%则作为结合能损失掉了。

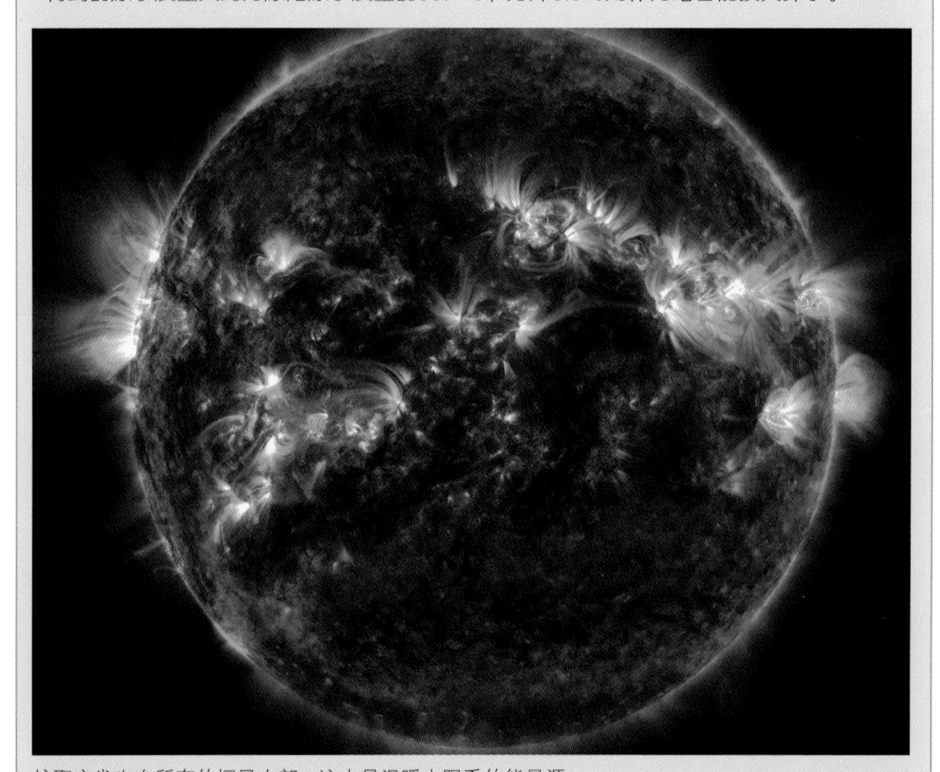

核聚变发生在所有的恒星内部，这也是温暖太阳系的能量源。

在一项注定要被列为十几个最重要概念之一的研究中，技能娴熟并受到科学史上的结果启发的26岁年轻人，打开了一扇窗。透过它，我们可以窥见一个从未想过的明确而必然的亚原子世界。欧洲战争扼杀了这个年轻人的生命，这使它成为历史上最丑陋、最不可挽回的罪行之一。

——罗伯特·密立根对莫塞莱的评论

静电“管道”

> 似乎有一些证据表明，与电解质离子携带的电荷相比，原子中的微粒携带的电荷更大。例如，在HCl分子中，我通过大量的静电力管才将氢原子的成分聚集在一起；类似的条件才使氯原子的成分聚集在一起。而与此同时，只要一个杂散管就可以将氢原子结合到氯原子上。
>
> ——约瑟夫·汤姆森，1897

实际上，在揭示电子存在的文章中，约瑟夫·汤姆森就提议：电子可能参与成键。尽管他没有用“键”这个单词，但他设想了一个一端有正电荷另一端有负电荷的静电力管道。

19世纪90年代，德国物理学家威廉·维恩正在试着用阳离子放电，而同时汤姆森在做用阴离子充电的实验。汤姆森发现，带负电的粒子可能独立于其他物质（电子）存在，因为没有发现和其等价的带正电的粒子存在。周围唯一带正电的粒子是离子。因此，可能只有负电荷可以在原子之间转移。这使得电子参与成键的事实变得显而易见。1904年，“键”这个术语开始使用，汤姆森认为原子之间通过转移整个电子的方式成键：“如果我们把化学家所说的‘键’解释为一个连接分子中带电原子的法拉第管单元，那么化学家的结构式可以立即转变为电学理论。”

汤姆森的理论存在一个问题：化合物只能通过原子之间电子的完全转移形成。这些键就是我们现在所熟知的离子键。在电解质溶液中，即含有离子（带一个负电荷或正电荷的粒子）的液体中，很容易观察到离子键：其中的正离子和负离子会向不同的电极运动。

立体原子

美国物理化学家吉尔伯特·牛顿·路易斯受到电子可能是分子成键的关键这一概念启发，大约在1902年卢瑟福的行星模型发表之前，提出“原子内部存在内核”（见150页），电子在外面的原子结构。

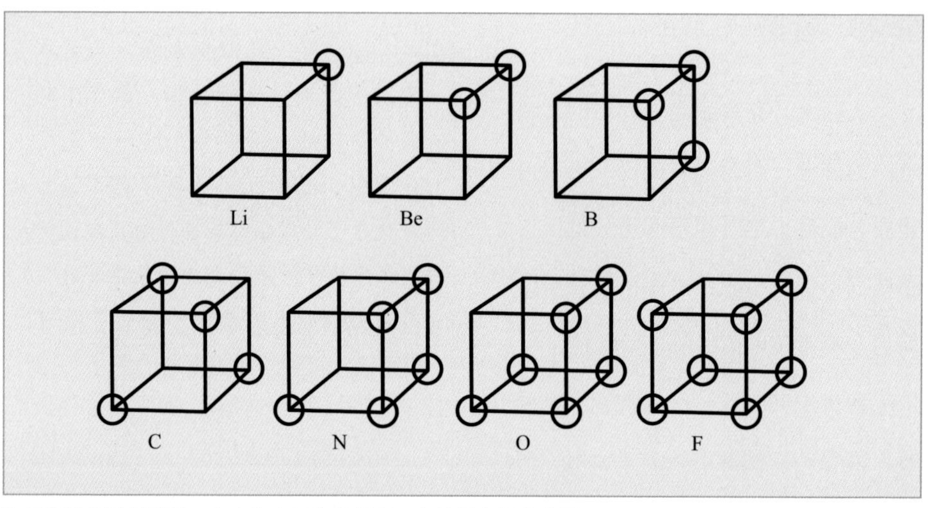

路易斯的原子模型是，立方体上每个角都有一个放置电子的位置。

在教授学生时，路易斯把原子描绘为电子分布在角上的立方体。有趣的是，立方体的八个角与周期表的八组相匹配，他可以通过在每个角上填充或不填充电子的方法绘制这些元素。虽然路易斯错误地假设氦必须有8个电子，但除此之外，他提出的这个方法非常有效。有8个以上电子的原子就会在第一个立方体之外再有另一个立方体。很快，他意识到元素以这样一种方式结合：它们努力满足立方体电子配额，完成八隅体结构。

> 因此，当两个电子在两个原子中心之间耦合，并共同存在于两个原子的壳层时，我认为化学键就形成了。我们由此可以对物理实体做一个具体描述，即“钩和眼”。
>
> ——吉尔伯特·路易斯，1923

路易斯继续研究并完善他的理论，直到1913年才将其发表，并于1916年发表了更加全面的理论。他提出化学键的本质是原子之间共享一对电子。例如，甲烷有4个氢原子，每个氢原子仅和碳原子共享一个电子，使得每个氢原子满足两个电子结构，碳原子满足八个电子稳定结构（其立方体的每个角各有一个电子）。

路易斯理论的基本原则如下：

●电子排列在原子的同心立方体上；

●中性原子（即只有自己的一套电子，既没有得到也没有贡献电子的原子）中的电子数在周期表上按照从左到右、从上到下的顺序，每个元素增加1个；

●当一个立方体被电子填满后，形成原子的原子核会在附近再建立一个八隅体；

●如果外面的立方体没有充满，原子可能贡献或获得电子；这样就有了电荷，得到1个电子时，电荷即为−1，失去1个电子时，电荷即为+1；这就解释了正价态和负价态（通过得失电子成键的倾向）。

路易斯还率先用点图代表电子来表示它们是如何在原子之间共享的。尽管路易斯错误地认为原子是角上有电子的立方体，但是他对于原子力求满足八电子壳层结构和原子核周围分布同中心电子群的观点是对的。1916年，路易斯又提出成对电子占据同一轨道（即现在的玻尔圆形轨道模型），但是自旋方向相反的想法。

模糊却有条理

随着20世纪科技的进步，物理学家们进一步研究了原子的结构。对于化学来说最重要的发现是，电子的轨道并不是围绕原子核排列成立方体或圆形，而是具有不同的形状。轨道的形状使得占据它们的电子能够尽可能地远离彼此。填充轨道的时候需要遵循一个规则，而且满足八隅体的驱动力并不像看起来那么简单：先被分解成合适的中间态，然后配对。此外，量子理论的核心观点是，电子的位置永远不会被固定：轨道仅仅定义了一种可能性，即电子最可能

一种重要且特别的键

氢键是一种特别且非常重要的键。1912年，摩尔和温米尔首次提到氢键。现在，人们所熟知的氢键是，和高负电性的原子（如氮、氧或氟）形成共价键的氢原子被附近另一个高负电性的原子吸引的静电相互作用。在一个共价键中，原子共享电子。氢键可以在分子内或分子间形成，这对地球上的生命至关重要。它解释了水沸点高的原因：因为一个水分子中的氢原子被附近水分子的氧原子吸引。它还能够使蛋白质折叠，将DNA（见210页）中的碱基对连接在一起。

1958年，站在复杂的有机分子胶原模型旁边的莱纳斯·鲍林。

被发现的一个区域，尽管电子可能出现在宇宙的任何一个地方。

美国物理学家莱纳斯 · 鲍林用全新的电子知识和见解来描述化学键。他在1931年首次发表了关于该项研究的文章，于1939年又出版了重要著作《化学键以及分子和晶体结构的本质：现代结构化学导论》。鲍林避免使用非常复杂的数学来证明物理学家的观点，从而让化学家能够理解其观点。他制定了化学键的六条关键准则：

- 电子对成键是由于两个原子各自未配对电子的相互作用（每个轨道可以填充两个电子）；
- 参与成键的两个电子必须自旋相反；
- 一个已经配对的键是排外的；一旦成键，该电子就不能再与其他电子形成另外的键；
- 每个原子都有一个波函数；

● 最低可用能级上的电子形成的键最强；

● 一个原子的两个轨道中，与另一个原子轨道重叠最多的轨道将形成最强的键；键倾向于朝那个方向形成。

鲍林的发现可能听起来相当模糊且没有什么意义；毕竟，对于已知的两个原子将结合形成化合物，我们是否还需要了解它们是怎么结合的呢？但其重要性在于，这些准则规范了键和分子的形状与角度的计算。结果证明，这是20世纪最卓有成效的发现之一。该准则不仅可以让化学家理解复杂分子的形状，而且可以设计新分子，提前预测所合成的化学物质的特性。

第七章

生命之键

有机化学足以让一个人立刻发疯。

——弗里德里希·维勒，1835

早期的炼金士和最初的化学家主要从事无机物——金属、盐和空气的研究。然而，目前所有已知化合物中有98%是有机物。有机物起初主要在生物体及其化石中发现，但现在还能人工合成。有机化学就是研究这些碳化合物的化学分支。有机化学可能是最激动人心和最具创新性的领域，当然其复杂性也是最大的。有机聚合物、药物和生物化学主导着现代化学。

生物体，如原驼和草，像工厂一样生产有机化学物质。

鸡蛋中的蛋白质在烹饪时发生的改变是不可逆的。

生物和非生物

通常认为有机化学是从19世纪初开始发展的。直到18世纪末，生物体还被认为具有某种将它们与非生物物质区分开来的生命力、生气或精神。这种生命力是特殊的，甚至是神圣的，并且使生物体免于遵循适用于无机物质的物理和化学规则。因此，人们认为不能通过合成得到生物体制造的那些有机化学物质，而只能从生物体中提取。这种“生命力论”成为研究的障碍，因为化学家不愿尝试他们认为不可能的事情。

1516年，与自然（图中天使）对话的炼金士。那时的人认为，炼金术和有机自然界是两个独立的领域。

> 有机物是特殊器官活动形成的，每个器官都具有用类似的元素产生不同结果的能力……尽管化学家可以分解器官作用的产物，并找到其所含元素的比例，但他们从未成功重新组合或仿制这些化合物。
>
> ——约翰·李·科姆斯托克，
> 《元素化学》，1835

有机与无机

有机化学和无机化学之间的区别是贝采里乌斯于1806年首次提出的。他将有机化合物定义为由生物体产生并组成生物体的物质，而无机化合物则是在非生物体中的物质。后来，该定义被改善为：有机物是含有碳的化合物，无论其是否是从生物体内得到的。但是，被认为是有机化学之父的德国化学家尤斯图斯·冯·李比希（1803—1873）反对生命论或任何有机化合物具有特殊地位的观点，并用了很多年的时间分离和探索有机化合物，研究它们如何降解或变成其他有机化合物，试图找出它们在生物体中的作用。

有机化学物质具有区别于无机物的一些显著特征。总体来说，有机物是可燃的，且因燃烧发生的变化是不可逆的。无机物通常可以加热、熔化然后再凝固而没有本质上的变化，但是许多有机物受热后不能复原。例如，煮熟的鸡蛋不可能再变成生鸡蛋。这似乎表明有机材料具有迥然不同且独特的性质。

目前，有机化合物的三个主要来源是：生物体；以前的生物留下的有机化石沉积物，如煤和油；人工合成。有机化合物在生物体外的自然存在量很少。某些碳化合物，如二氧化碳，被认为是无机的。

分解而不合成

由于人们相信不能在生物体外制得有机化合物，所以化学家致力于发现它们的成分而不是合成它们。拉瓦锡第一个提出能够测定有机材料中碳和氢含量的分析方法，并给出了经验公式。他通过在氧气

从碳到立方体

冯·李比希要养一大家子人，但他不能从化学中获得丰厚的收益。因此，他一直在寻找可能获利的其他商业活动。他还关心穷人的营养问题。1847年，他发明了一种廉价肉类的制作方法，这样每个人都能享受到美味而营养的肉。欧洲的肉很贵，导致制作成本很高，但1862年，李比希在一位合作伙伴的建议下，开始在南美地区制作肉，因为该地区为了得到皮革而大量饲养牲畜。大部分的肉由于没有办法保存和运输都腐烂了。这种产品就是奥克斯欧肉汁干块的前身，可以用作肉汁调味炖菜和砂锅菜。

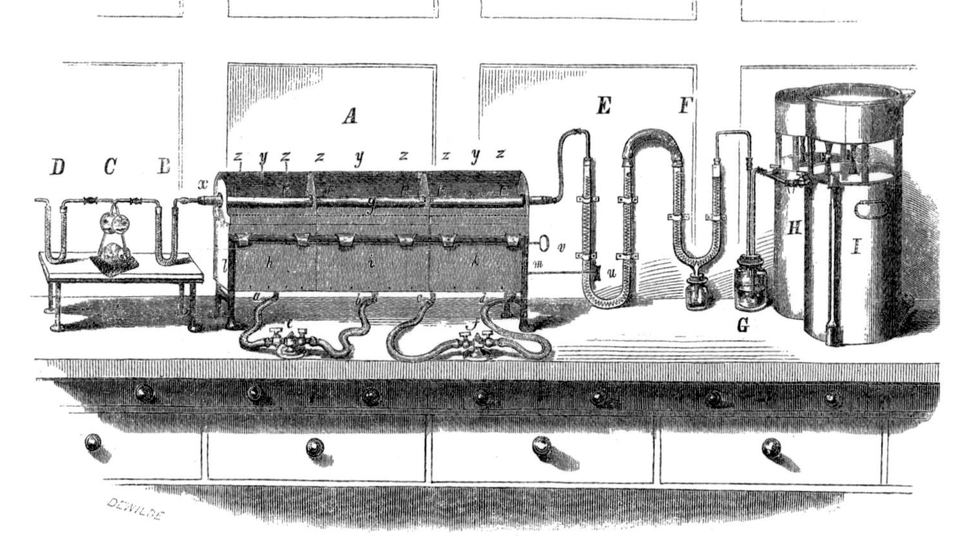

李比希发明的有机分析装置，适合利用气体作为加热源。

中燃烧这些材料，然后称量产生的水和二氧化碳的质量来分析有机材料中碳和氢的含量。除了比较碳和氢的比例之外，这种分析方式毫无用处，除非起始物质是一个简单的纯有机化合物样本，否则它的结果根本没有意义。一些碳化残余物不可避免地会被遗留下来，所以该方法的结果也很难精准。

在氧化剂条件下燃烧原料的工艺得到了稳步改善。法国化学家让·巴蒂斯特·杜马斯研究出测氮的方法，而冯·李比希发现了测硫和卤素的方法。但是，他们的结果都只给出了比例，而没有对于有机化学来说至关重要的结构信息。

对于化学家来说，分析复杂的有机物，如淀粉、脂肪和蛋白质是相当困难的问题。结果发现，有些有机物可以通过稀酸或碱处理，分解得到其组成单元。1812年，俄国化学家古特里布·西吉斯蒙·基尔霍夫（1764—1833）用酸加热淀粉，并将其还原成单一的单糖，最终该糖被命名为葡萄糖。（淀粉由许多结合在一起的葡萄糖单元组成。）1820年，法国化学家亨利·布拉康诺特用相似的过程首次从蛋白质明胶中分离出第一个氨基酸：甘氨酸。氨基酸是所有蛋白质的基石。

生命力论：尿液中诞生的有机化学

1773年，法国化学家伊莱尔·罗埃尔发起了对生命力论的第一个化学挑战。他从几种动物包括人类的尿液中提取到尿素晶体，并发现其相对简单的构造。这与当时公认的观点相矛盾，即所有的有机化合物都很复杂，且是在实验室里不能制得的。不过，这个发现并没有激出火花。后来，德国化学家弗里德里希·维勒（1800—1882）的研究才引发了变革。他发现，不用肾脏，自己也可以合成尿素，这对生命力论来说无疑是致命的打击。维勒被这一发现弄得心烦意乱。

> 科学的巨大悲剧就是，美好的假设被一个丑陋的事实所扼杀。
>
> ——弗里德里希·维勒，1828

1828年，在维勒还没有开始验证生命力论或制备尿素时，他已经在尝试利用下面的反应，通过混合氯化铵和氰酸银制备氰酸铵：

$$AgNCO+NH_4Cl \longrightarrow NH_4NCO+AgCl$$

然而，他的实验并没有得到氰酸铵，取而代之的是一些奇怪的晶体，看起来像罗埃尔发现的尿素晶体。进一步研究证明，它们就是尿素晶体。正如他所预料的，这一反应形成了氰酸铵，但是非常不稳定。这些氰酸铵分子自发重新排布，形成了和它们有相同的原子但是结合方式不同的尿素：

$$NH_4NCO \longrightarrow H_2N-CO-NH_2$$

由于从无机成分得到了有机化合物，维勒不得不得出结论：至少尿素没有生命力或生气。

相同与不同

维勒的发现除了破坏生命力论外，还证实两种不同的化合物可能具有相同的经验式。在此之前，维勒已发现他所使用的氰酸银与冯·李比希前一年生成的雷酸银

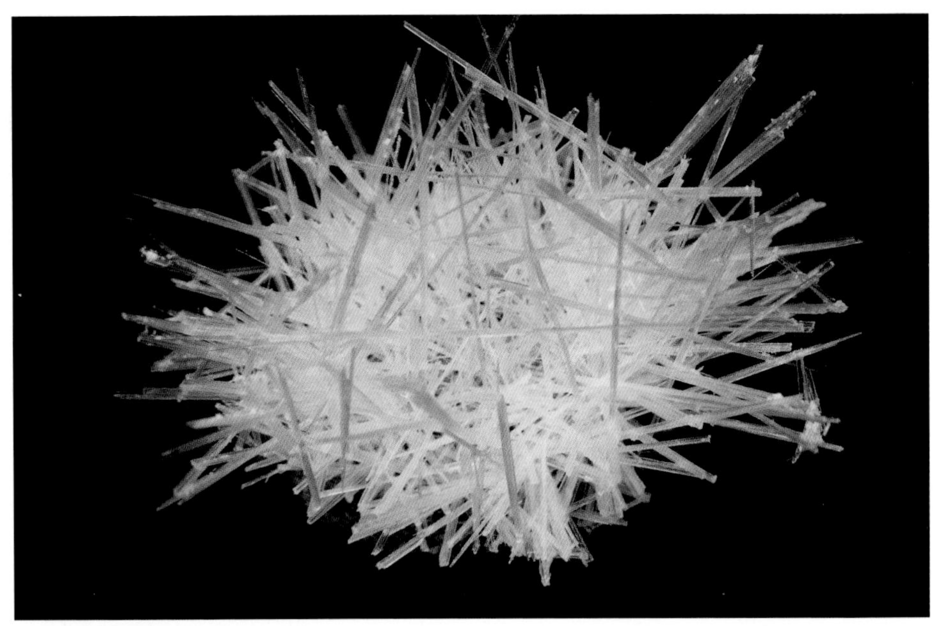

针状的尿素晶体。痛风的剧烈疼痛就是由于关节中形成了同样锐利的尿酸钠晶体导致的。

具有相同的组成，但性质却不相同。现在，这样的现象又一次出现，即尿素和氰酸铵两种不同的化合物具有相同的经验式。1830年，贝采里乌斯引入“同分异构体”这一术语来表示这类化合物分子对。他首次提出物质的性能不仅取决于其组成原子的个数和种类，而且与这些原子如何组合排布有关。同分异构现象不仅对解释实验现象十分重要，而且对解释化学键之谜也非常关键。

棋先一招

在维勒意外地制得尿素之前，已经发现了合成有机化合物的步骤。1816年，法国化学家米歇尔·谢弗勒尔正在研究动物脂肪和脂肪酸。已经成功分离不同酸的谢弗勒尔发现，他可以让这些酸发生化学变化，从而不用任何生命过程的参与，就可以有效地创造出一种新的有机化合物。但这本身对于生命力论来说并不是毁灭性的，因为谢弗勒尔利用通常的方法，即通过生物体生产有机化合物，然后对其进行一些改变，而没有从头开始制造有机化合物。

生命工厂的终结

在1828年之前，除了利用生物体之外，一直没有生产有机化合物的方法。想要得到尿素，化学家不得不从尿液中提取；想要醋酸，化学家不得不用醋（来源于植物汁液的最终产物）来提取。甚至在维勒发现可以合成尿素之后，人们也没有掀起很大的合成尿素的热潮。但是，在1845年赫尔曼·科尔贝表明醋酸可以用二硫化碳制造后，情况发生了变化。

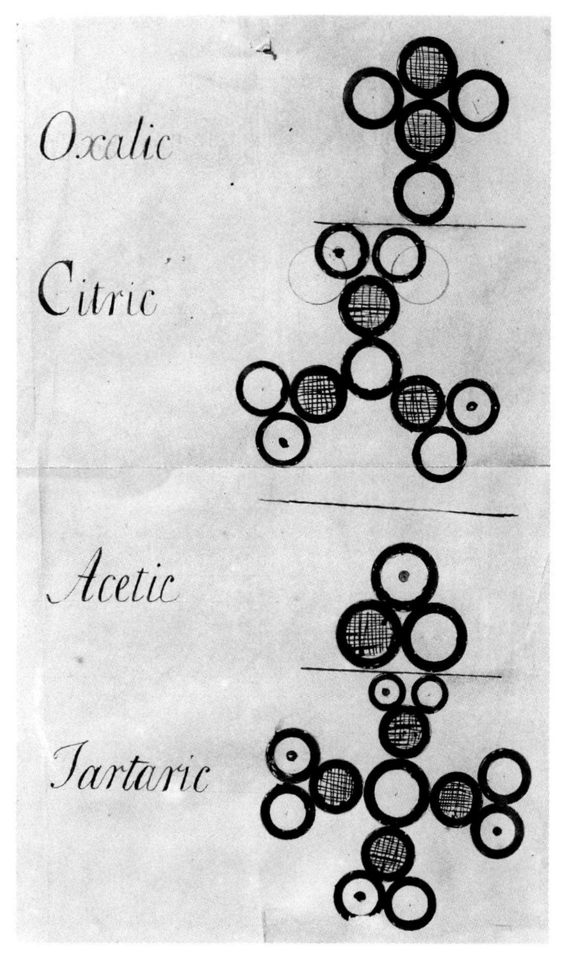

道尔顿的4种有机酸的公式，用他发明的原子符号方法绘制而成。

这比维勒的成果更具冲击力，因为科尔贝是用无机化合物合成的有机物。如果维勒是用两种有机化合物合成的尿素，所以仍然可以认为产品中有生命力的存在，那么可以确定，科贝尔的醋酸没有生命力的存在。不仅如此，1860年马塞兰·贝特洛发起了一场反对生命力论的激烈运动，认为所有的化学现象都依赖于可衡量的物理力量，而且其中没有任何极为神秘或特别的东西。贝特洛成功地用无机物直接合成了许多有机化合物，包括烃类、脂肪和糖。至此，生命力论彻底瓦解了。

苯胺紫的故事

19世纪后期，淡紫色织物变得非常流行，而且经久不衰。苯胺紫（淡紫色）是一种全新的颜色：在18岁的化学学生威廉·珀金弄出奎宁事故之前，没有任何方法将织物染成淡紫色。

至少在1632年，当西班牙征服者从南美土著人那里获悉其性质时，奎宁已被用于治疗西方疟疾。人们在金鸡纳树的树皮中发现了奎宁，并于1820年第一次实现分离。由于从欧洲到金鸡纳树生长的地方需要很长一段路程，人们渴望能够合成奎宁——尤其因为疟疾对于想要统治热带国家的欧洲殖民者来说是严重的威胁。合成奎宁这一重任就落在了珀金的老师的肩上。

珀金尝试的方法之一失败了，因为他只得到了一种难看的黑色块状物。但是结果证明，这种块状物能够产生美丽的紫色，成为后来众所周知的染料：珀金紫或苯胺紫。珀金开设了一家工厂来生产该染料，而这一商业上的成功使他变得相当富有。同时，有机化学在公众的知名度方面有了巨大的提升。珀金的成功只持续了较短的时间，因为珀金紫染料催生了合成染料工业，导致其很快被取代。但人们一直无法弄清楚珀金紫染料的组成，直到1994年，其分子结构才被发现。

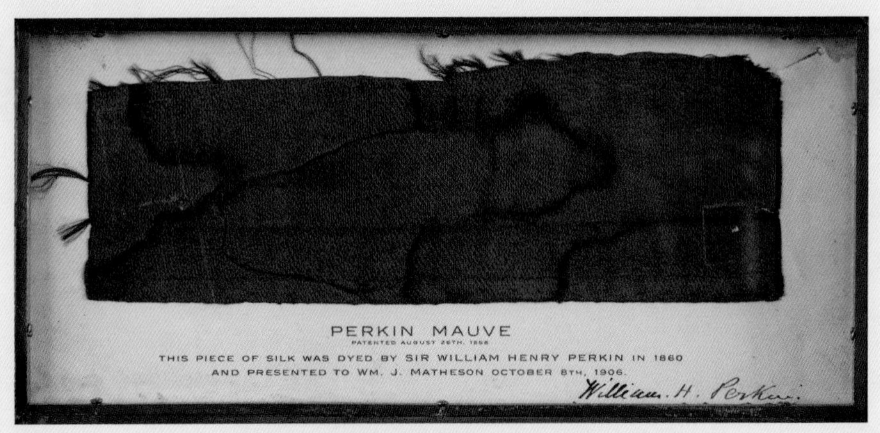

用珀金紫染色的一块亮丽的淡紫色绸缎。

化学键

同一种化学式可能有不同的异构体的事实，使化学家对化学键有了更多的思考。

碳的特殊性

碳比其他任何元素形成的化合物种类都多。之所以会这样，以及它为生物体提供良好基础的原因是，碳原子可以结合在一起形成长链。而链又可以产生分支，链或分支网络还可以折叠成不同的形状。这使得碳与其他元素的排布存在无限可能。有机化合物中最常见的与碳原子结合的元素是氢、氧和氮。

碳形成无数复杂形状的能力源自其化合价（与其他元素结合形成化合物的能力）。碳成键细节以及其多样性的发现是理解和应用有机化学的关键。

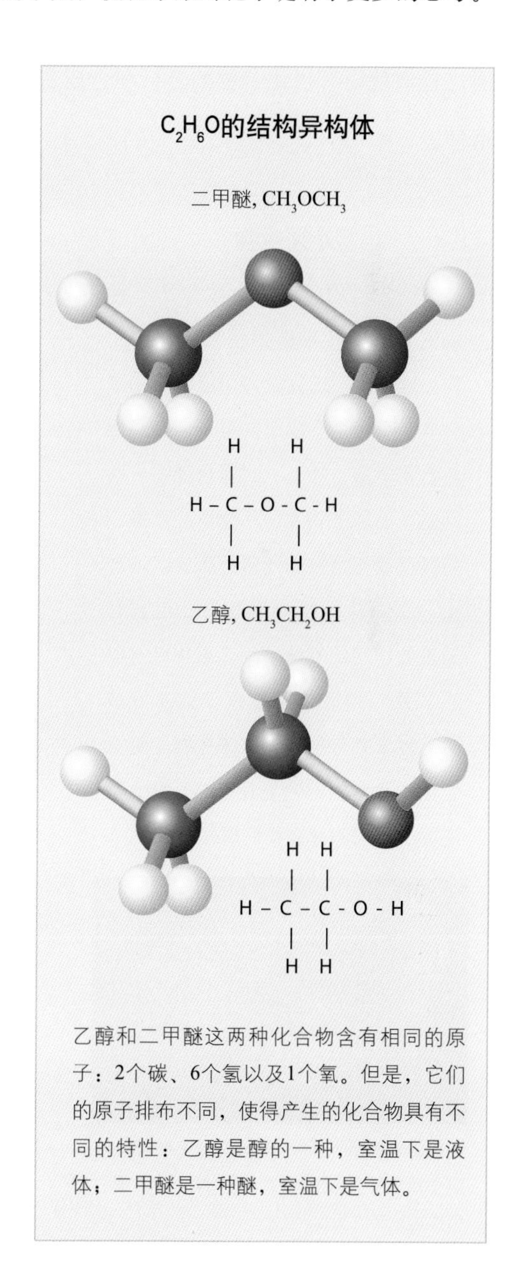

乙醇和二甲醚这两种化合物含有相同的原子：2个碳、6个氢以及1个氧。但是，它们的原子排布不同，使得产生的化合物具有不同的特性：乙醇是醇的一种，室温下是液体；二甲醚是一种醚，室温下是气体。

碳链

19世纪50年代，德国化学家奥古斯特·凯库勒（1829—1896）构想出化学结构理论。1857年，凯库

勒宣布碳的四价性，即碳原子形成四个键的能力；第二年，他发表了碳原子形成长链的能力。同年，苏格兰化学家阿奇博尔德·库珀独立发现了碳原子结合在一起的能力；他还用线代表原子之间的键，并以此种方法来表示分子结构。凯库勒建立了用效价（亲和力单位）表示原子如何在一个连贯结构中相互连接的化学结构，而这样做使得有机化合物的分析和合成变得更容易。有机化学家也因此变得更有创造性。

外来生物

一些科幻小说作家想象出一种以元素硅而不是碳为基础的外来生物。理论上，这完全有可能。硅和碳一样，有四个不成对的电子，并且相对含量丰富。然而，这里也存在一些问题：硅原子较大，不能形成双键，与其形成化合物的元素比碳少。地球上，二氧化碳是一种在生命过程起着重要作用的气体。而二氧化硅（硅石）是一种固体，也是沙的主要成分。如果有硅形成的外来生物，那么它们的化学世界会与我们的有很大的不同，而且不适宜我们居住。

一种海洋硅藻（是一种从海水中提取硅并用于建造细胞壁的碳基生命形式）的假彩色图像。

危机中的化学：卡尔斯鲁厄会议

看起来，有机化学好像进展顺利，但这其中暗含一个重要问题。凯库勒出版其关于有机化学的书时，给出了醋酸的19种不同分子式。醋酸并不是一种复杂的有机化合物，其正确的分子式是CH_3COOH。出现这种问题的原因在于：如果没有一定的基本、简单的化合物分子式知识，就不能通过元素的质量来确定原子量。因此，化学家并没有掌握分子式中真正确切的规则，而只是将可能的形式罗列出来罢了。

许多化学家试图利用质量解决这个问题，但是这也引发一些新问题。16克氧气和2克氢气结合生成18克水，由此得到的氧和氢的等效（结合）质量分别为8和1。但事实上，氧的原子量为16，

氢的原子量为1。如果我们知道水的分子式是H_2O，我们只能推导出原子量。查尔斯·格哈特建议使用原子量的方法，但几乎没有人接受这个建议。确定分子式的方法似乎被堵死了。

凯库勒从分子结构开始彻底革新了有机化学。

因此，1859年，凯库勒提议召开一次国际性的讨论会，来解决和讨论化学所面临的问题。该会议于1860年在德国卡尔斯鲁厄举行。邀请函发给了欧洲所有领先的化学家，呼吁召开会议，以制定出“原子、分子、当量、碱度等概念的更准确定义；讨论主体及其分子式的真正当量；启动合理的命名计划”。

由于在这次会议上，意见没有达成一致，所以是一次失败的会议。但它使事情暴露出来，并明确了问题所在。会议的最后一天，意大利化学家斯坦尼斯劳·坎尼扎罗（1826—1910）做出了最重要的贡献。他分发的小册子上给出了原子量难题的历史背景，并认为对于氢气，其分子式应该为H_2。坎尼扎罗关于如何从曾经观察到的最低结合量推导原子量的解释具有说服力，而且在这次会议之后，格哈特提出的原子量制成为主流。坎尼扎罗利用阿伏伽德罗的发现，即在固定温度下固定体积的质量总是包含相同数量的粒子，认定气体的相对分子质量可以由已知体积的样品质量来计算。分子质量可以是原子质量的整数倍，例如，对于以双原子分子形式（即两个氢原子结合在一起）存在的氢气的情况，分子质量是原子质量的两倍。

这时，阿伏伽德罗已去世四年，他的工作的重要性终于得到了认可。尽管终其一生都没有得到普遍认可，但现如今阿伏伽德罗被认为是推动分子化学发展的主

要人物之一。1894年，威廉·奥斯特瓦尔德将1克氢气或16克氧气所含的粒子数命名为1“摩尔”［来自德语“Molekül”，即分子（molecule）的意思］；1909年，让·佩兰最终计算出该值为6.022140857（74）$\times 10^{23}$。由于这个数值逻辑上是从阿伏伽德罗的工作中得出的，因此被命名为阿伏伽德罗常数。

衔尾蛇与苯环

确定了链和交联的概念之后，人们发现不是每个分子结构都能很好地符合四价碳的模型。其中一个困惑着凯库勒和其他研究者的分子是苯。其经验公式是C_6H_6；似乎没有办法让这些原子连在一起且满足每个氢原子仅参与形成一个键，以及每个碳原子都形成四个键。凯库勒想到解决这个问题的方法的过程已经成为一个传奇。在苦思冥想这个问题却仍毫无结果后，凯库勒声称自己正在做白日梦时，看到一条蛇咬住自己尾巴的图像——古代的衔尾蛇标志。他意识到，如果把碳原子放在一个环里，就可以得到苯的分子式了。因此，他把碳原子放在一个六边形中，并通过单双键交替连接，这样就占用了四个键中的三个；然后，每个碳原子还可以和一个氢原子成键。1865年，凯库勒发表了他的这一结构式。为了回应有关异构体的批评（见下文），凯库勒在1872年调整了他的模型，让单键和双键不断地切换位置，这样每个键的单键形式和双键形式都各占一半的时间，使所有键都等价。由此，人们

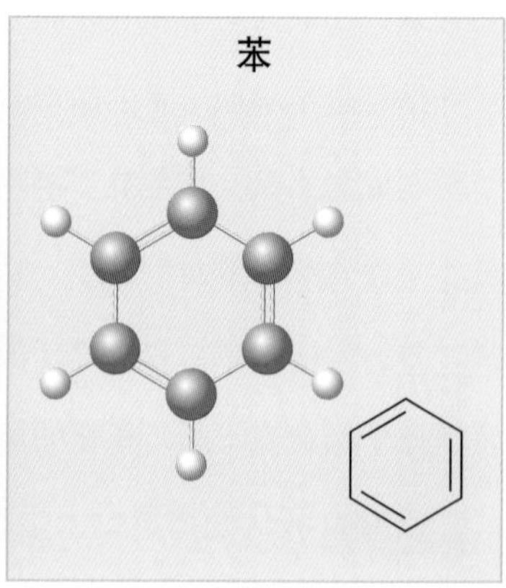

古代炼金术的衔尾蛇标志（左图）启发凯库勒把苯的六个碳原子放在一个环里。

通常用有封闭环的六边形，而不是交替的单双键结构来表示苯。

支持凯库勒苯环结构的实际证据是，其对苯的派生物的研究。他发现，当一个额外的化学物质或基团取代其中一个氢原子（单取代物）时，得到的不是两种结构而是一种，因此所有的碳键都是等价的。而当加入两个额外的元素或基团，取代两个氢原子（双取代物）时，可以得到三个同分异构体。凯库勒认为，这取决于被取代的氢原子之间的碳-碳键数目：一个、两个或三个。可能的同分异构体数表明所有的碳键都是等价的。苯的衍生物，即含有一个或两个苯环的所有化合物，被称为芳香族化合物。（许多，但并不是所有的芳香族化合物都是芳香的，或者说是有气味的。）

起起伏伏

通常表示分子结构的方法是用线在原子之间表示键，表明分子整个位于一个平面。然而，人们意识到事实并非如此，分子是占据三维空间的，这也是“立体化学”的核心。

镜像分子

在一个简单的无机化合物中，原子的排布通常只有一种方式。而对于更大的分子，尤其是有机化合物中，同样的原子可能有好几种排布方式。这正如我们已经看到的，同样的经验分子式可以对应多个同分异构体。但一个更微妙的不同是，相同的排布可能有不同的取向，以至于在两个版本中，每个原子的位置相同，然而两个分子却互为镜像。这就是所谓的旋光异构体或对映异构体。

1815—1835年，法国物理学家让-巴蒂斯特 · 毕奥发现液态或溶液中的几种有机物，如松节油、蔗糖、樟脑和酒石酸，能够旋转偏振光。毕奥推断分子结构中有

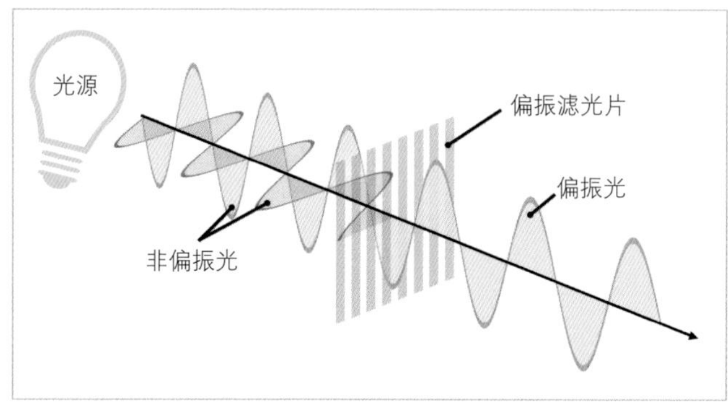

光通常在多个方向上振动，但偏振光只在单个平面上振动。手性晶体如酒石酸的作用是旋转偏振光振动的平面。

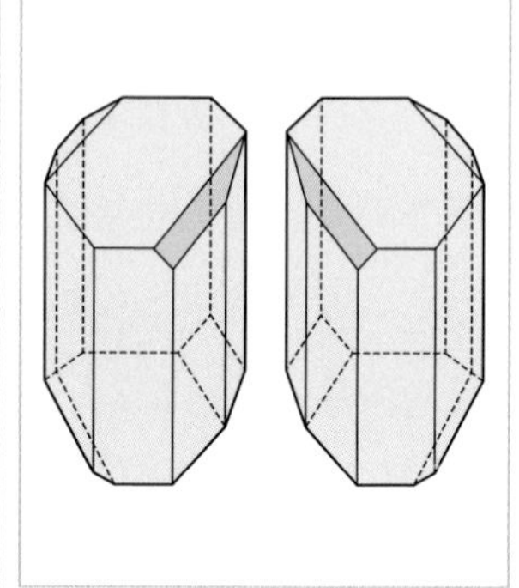

酒石酸的两个旋光异构体彼此互为镜像。

一些东西起着这样的作用。1820年，人们发现生产酒石酸时的一个副产物与酒石酸的化学结构相同，但不能旋转偏振光。当时这种现象还无法得到解释。

年仅25岁的法国化学家、生物学家路易斯·巴斯德（1822—1895）解决了这个难题。通过对比酒石酸和副产物的样品（1826年被盖-吕萨克命名为外消旋酒石

偏光性

偏光性实际上是分子的“手性”。手性物体不能叠加在它们的镜像上，就像左手和右手。如果两手都朝向相同的方向，左手放在右手上时不能完全覆盖住右手。

分子的手性不同，与其他化学物质以及有时和身体的作用也会不同。20世纪60年代，药物沙利度胺被用于治疗孕妇恶心，却导致了严重的出生缺陷。后来发现，沙利度胺的两个旋光异构体中仅有一种会导致畸形，另一种则可以作为有效的镇静剂。即使使用了正确的异构体，但由于该分子的两种结构能够在体内进行转换，因此这些缺陷也没能通过更谨慎地只生产沙利度胺的一种异构体而避免。

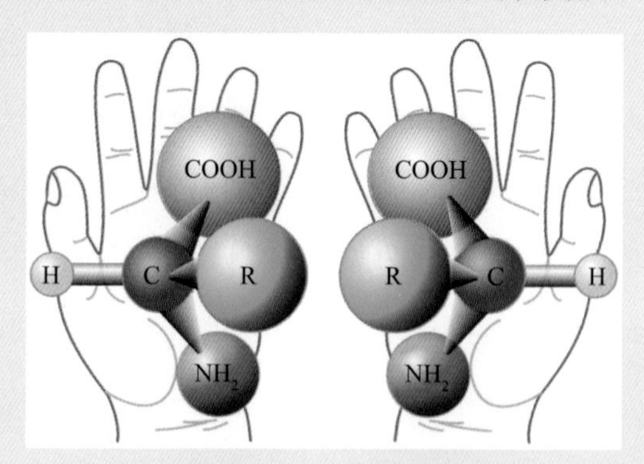

通用氨基酸的光学异构体，其中R代表不同氨基酸的侧链。

酸），巴斯德发现，尽管酒石酸和外消旋酒石酸的晶体形状相同，但外消旋酒石酸中有两种晶体，一种晶体的晶面向左，另一种向右。把两种晶体分离后，他发现二者都可以旋转偏振光，但是方向相反。而在外消旋酒石酸混合物中，两种晶体的旋光性彼此抵消了。由此，巴斯德意识到晶体甚至分子是彼此互为镜像的。1893年，开尔文勋爵将其称为“手性”（来自希腊语中的“手”，表示左手和右手）。有机分子的手性影响它与生物体相互作用这一事实很快就变得清晰。手性对食物和药物的吸收与发挥作用非常重要。

不对称碳原子

1874年，荷兰化学家雅各布斯·范特霍夫（1852—1911）和法国化学家约瑟夫·勒·贝尔在同一年分别对手性分子的物理性质给出了解释。范特霍夫被认为是“物理化学之父”，并于1901年获得了首个诺贝尔化学奖。

在发表博士论文之前，范特霍夫制作了一本小册子，在其中提出了碳原子的四面体模型。如果每个碳键都和不同的原子或基团连接，那么碳原子就是不对称的。通过改变键的排布，可以用相同的成分构建成不同的异构体。范特霍夫把碳原子描述为四面体，这并不是说碳原子是这样的形状，而是说球形的碳原子位于由它形成的键构成的四面体中心。延伸向不同方向的键解释了这些之前从它们的分子式看不出区别的异构体的不同性质。

药物沙利度胺导致怀孕期间服用该药物的一些妇女，生出先天四肢残缺的孩子。

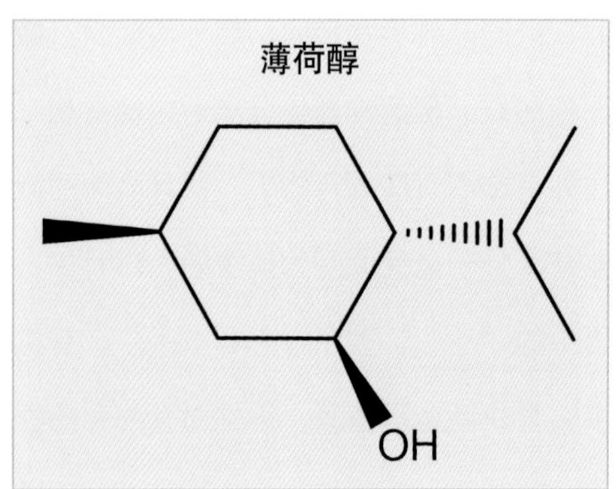

用范特霍夫惯例表示的薄荷醇：苯环位于平面内，羟基（OH）在页面的前方，右边连着两个甲基的键位于页面后方。

力学还是化学

17世纪，生理学家对消化是化学还是力学过程产生了分歧。是酸分解了内脏中的食物，还是牙齿的咀嚼以及随后内脏的搅动粉碎了食物？一些相当令人反胃的实验表明是化学物质在起作用。18世纪，法国科学家瑞尼·瑞欧莫用鹰进行实验，而拉扎罗·斯帕兰札尼用各种动物，甚至他自己进行研究，并试图利用呕吐物和胃液在体外模拟消化。

这个问题最终于19世纪20年代得到解决。当时，美国外科医生威廉·博蒙特得到了对消化进行原位实验的机会。一个病人腹部有个穿透胃的洞（因枪伤），实验就在他身上进行。博蒙特发现，食物在胃或从胃里提取的胃液中以相同的方式溶解并被加热。这证明消化绝对是一个化学过程。

这个想法最初招致的却是嘲笑和恶毒的批评。德国化学家赫尔曼·科尔贝谴责范特霍夫没有进行“精确的化学研究”，而是异想天开地幻想原子如何在空间中排列。然而，到了1880年，这个想法开始被普遍接受。

范特霍夫提出了在三维空间中表示分子的方法：从页面前方出来的键用楔形表示——楔形的粗端伸出页面；页面后方的键用虚线表示；单线代表与页面在同一平面上的键。

生命化学

从19世纪中叶开始，有机化学蓬勃发展起来。生命力论已经被揭穿，而复杂化合物中原子之间的键变得清晰。化学家发现了许多天然存在的有机化合物的分子式和结构，并开始在实验室合成它们。他们还开始有意无意地制作自然界中并不存在的有机化合物。

同时，生物化学领域开始兴起。一旦意识到发生在生物体中的化学过

程与其他化学过程基本相同，研究者就对生物体中发生的过程展开研究。1896年，爱德华·毕希纳最终证实了生物和非生物环境中化学反应的等价性。

机体内外的化学

人类利用酵母在发酵糖时的反应来酿酒，至少已有9000年的历史了；最早的酒精饮料（由蜂蜜、大米和水果制得）证据来源于中国的新石器时代。但是，直到19世纪都没有人能对这一过程给出解释。19世纪50年代，路易斯·巴斯德在研究发酵和细菌在腐蚀葡萄酒、牛奶以及其他食物中的作用时，发现发酵过程离不开一种生物，即酵母。他于1856年发表了他的结果："酒精发酵是一个与酵母细胞的生命和组织有关的过程，而与细胞的死亡或腐败无关。"

1896年，毕希纳证明巴斯德并不完全正确，因为他证实即使酵母被破坏了，仅留下其细胞中的内容物存在，其依然可以发挥作用。他甚至分离出起作用的酶，并称之为酿酶。尽管酿酶是酵母产生的，但其只是一种化学物质，无论在生物细胞中还是分离在试管中都能发挥相同的功能。因此，无论这个过程在哪里发生，都是一个化学过程。

路易斯·巴斯德的发酵实验中使用的一种烧瓶。他发现只有当空气中的微生物（酵母）能够进入烧瓶中的液体时，发酵才会发生。

酶是促使化学反应发生或使反应加速的催化剂。1926年，美国化学家詹姆斯·萨姆纳发现脲酶是一种可以结晶的纯蛋白质。这在当时引发了争议，因为人们不相信蛋白

质可以作为催化剂。1929年，约翰·诺思罗普和温德尔·斯坦利最终证实三种消化酶确实都是蛋白质。这之后，人们便开始通过X射线晶体学（见210页）发现酶的分子组成。1965年，英国化学家大卫·菲利普斯给出了第一种确定结构的酶，即在泪液、唾液和蛋清中发现的溶菌酶。

化学循环

生物体内的过程是化学过程一经确定，就又产生了其他问题：过程会用到哪些化学物质？它们从哪里来？到哪里去？体内的大量化学反应如何执行生命过程？

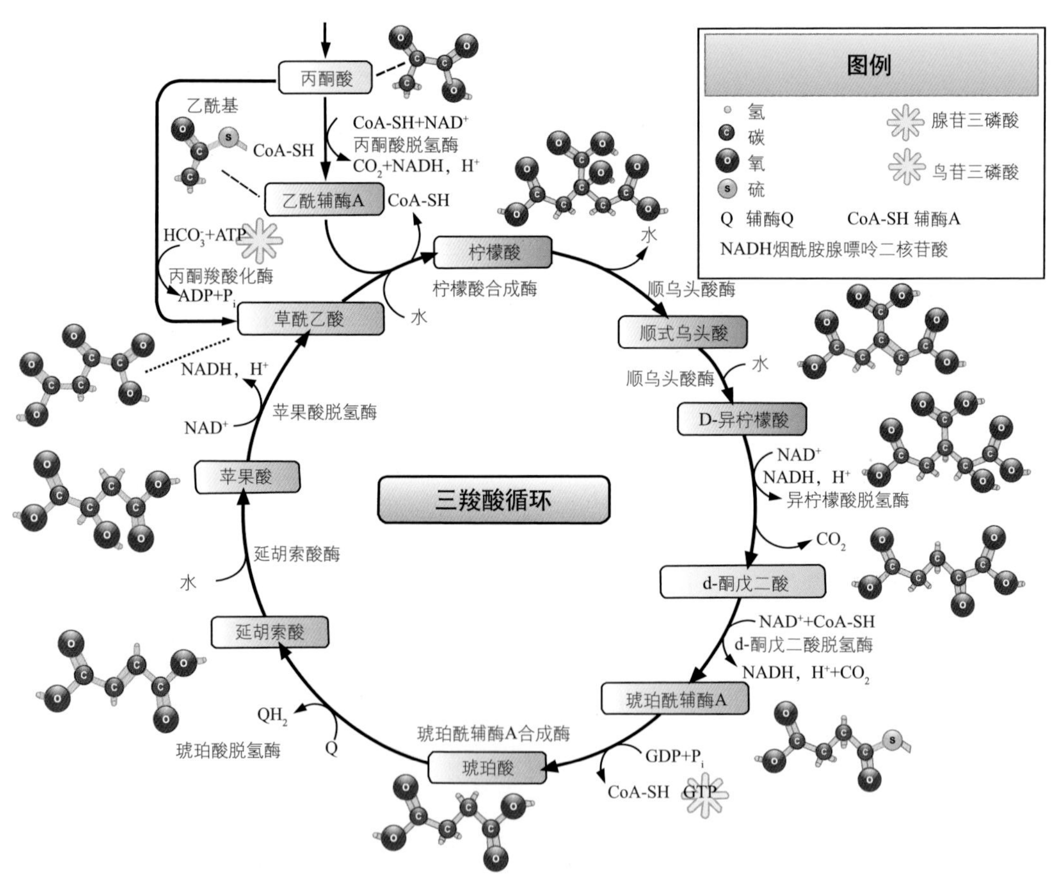

克雷布斯循环是发生在所有细胞中的非常复杂的一系列反应。这是使生物体从食物获得能量的过程中的一部分，整个过程要更加复杂。

第一个发现整个化学循环的是出生在德国的化学家汉斯·克雷布斯。1937年，在英格兰工作的克雷布斯解开了三羧酸循环之谜——为纪念他，有时三羧酸循环也被称为“克雷布斯循环”。其描述了生物体获取和储存能量的代谢途径。这一循环从乙酰辅酶A开始，然后通过一系列由酶驱动的反应，从其分子键中收集能量，并储存于细胞中以备利用。

对我们来说，比克雷布斯循环的具体细节更重要的是，其第一次证明所有生命过程都可以归结为一系列化学反应。自1937年以来，更多的代谢途径被发现。这些代谢过程被分为两类：一类是通过分解复杂分子释放能量的分解代谢过程，另一类是通过消耗能量来构建复杂分子的合成代谢过程。具体的生物化学过程超出了本书的范围，因此不加详述。

冗长的路径

尽管第一个被发现的代谢过程是克雷布斯循环，但人们探究的第一个代谢过程却是糖酵解过程。这一过程将葡萄糖（一种糖）转变为丙酮酸，而丙酮酸是克雷布斯循环的起点。由于对糖酵解过程感兴趣的人很少，这一代谢过程前后花费了100年的时间才被拼凑在一起。而这一探寻过程始于巴斯德关于酵母发酵的发现，并在毕希纳发现发酵过程并不必须要有活的酵母后走上正轨。

从1905年到1911年，阿瑟·哈登和威廉·扬测量了在酵母和葡萄糖一起受热时二氧化碳水平的增减。他们发现添加无机磷酸盐可以使这个过程重新开始，并由此得以确定该过程的一个产物是有机磷酸酯。随着更多工作的开展，他们提取出了1，6-二磷酸果糖。其他科学家继续拼凑这一复杂过程，并发现酶负责催化每个阶段的反应。20世纪30年代，德国生理化学家古斯塔夫·恩登勾勒出了这一过程的主要阶段。20世纪40年代，该过程得到最后完善。

在20世纪的整个过程中，人们越来越清晰地认识到，生物体包含的蛋白质可以完成一系列复杂的任务。这些蛋白质包括，血液中携带氧气的血红蛋白、翻译和执

斯帕兰札尼（见170页）“劝服（不情愿的）”鸟类吞咽系在一根线上的小盒，以便将来取出来研究消化过程。

行基因指令的信使核糖核酸（mRNA），以及从大脑携带或向大脑传递神经信号的神经递质。这些活动都是纯粹的化学过程，而且理论上，只要有充分的专业知识以及资源，这些过程都可以在实验室进行复制。虽然我们还没有实现完全复制这些过程，但是生命化学发挥作用的过程并不需要生命力论所说的魔力。

血液和药物的厄运

1905年，俄国皇室召唤善于玩弄权术且有影响力的俄国神秘主义者格里戈里·拉斯普京，来给生病的亚历克西斯王子治疗。在惊恐地发现男孩服用合成化学药物阿司匹林治疗后，拉斯普京让其立即停止用药，转而进行更加神秘的治疗。这种神秘的治疗可能根本不利于亚历克西斯的疾病，但由于亚历克西斯王子是血友病患者（意味着他的血液不能凝固），阿司匹林只会使王子的血液问题变得更糟，所以停止使用阿司匹林极大地改善了王子的病情。拉斯普京在治疗沙皇长子中获得成功，使他得到了沙皇皇后的信任和忠诚，提高了他对于俄国皇室的影响力。

化学中的线索

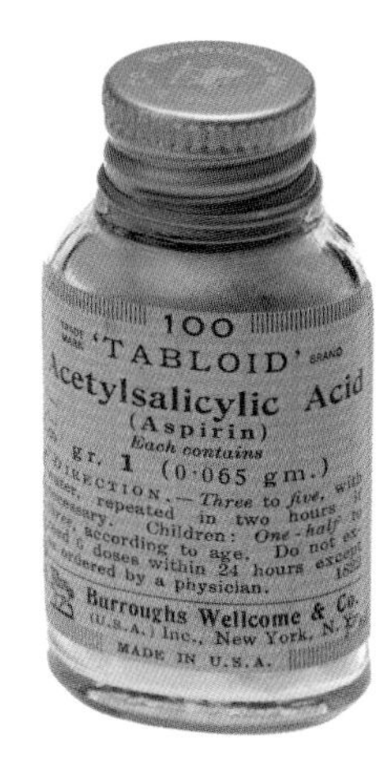

19世纪纽约宝来威康公司生产的一瓶阿司匹林。

化学是运行一个活体功能的核心，也为治疗功能不良提供了一种途径。将无机物用于治疗疾病可以追溯到帕拉塞尔苏斯及其他更早的医疗化学家生活的年代，但是当时大多数药物是从植物或动物中提取的。19世纪末，人类首次在实验室合成了之前从植物中提取的药物：阿司匹林——乙酰水杨酸，一种在柳树皮中发现的水杨酸衍生物。

柳树皮、拿破仑以及首个邮寄广告

自4000年前的苏美尔时代以来，埃及、希腊、中国、罗马和中世纪的欧洲医疗就用柳树和其他富含水杨酸的植物制药，用于治疗发热和疼痛。1763年，爱德华·斯通牧师对柳树皮提取物进行的研究表明了该物质众所周知的功效：有效对抗疼痛和发热。

《阔叶柳树皮上进行的实验和观察》（1803）一文中，探究了柳树皮在治疗发热方面的功效，这是其中一幅插图。

进一步的化学研究始于下一个世纪，其中部分是由拿破仑·波拿巴引发的。奎宁来自秘鲁，是治疗发热的首选药物，但1806年拿破仑的海上封锁切断了该药物的供应。欧洲化学家开始着手寻找该药物的替代品，并探索水杨酸的变体。1828年，慕尼黑大学的约翰·毕希纳教授从柳树皮中分离出水杨苷（拉丁文里与“柳树”对应的词）。次年，法国药剂师亨利·雷洛克斯分离出了水杨苷的纯晶体，并用于治疗风湿病痛。然而，纯水杨酸会刺激胃部，导致出血和呕吐等问题。寻找改进方法的任务被分配给了在拜尔药物与燃料公司工作的费利克斯·霍夫曼。他立即接受了这项任务，因为其父患有严重的风湿性疼痛，且无法忍受水杨酸引起的胃部问题。1897年，霍夫曼发现当他稍微修饰水杨酸时得到的乙酰水杨酸，使上述副作用减小到了更易被忍受的程度。他当时不知道原因，猜测乙酰水杨酸很容易被吸收，然后在体内转化为水杨酸发挥作用。其实，这就是乙酰水杨酸的作用原理。1949年，拜尔公司的前员工阿图尔·艾兴格林声称是他发明了阿司匹林，而霍夫曼一直是在他的指导下进行操作的。这个声明被搁置了很长时间，但是到了1999年，艾兴格林的声明得到了调查员瓦尔特·斯尼德的支持。

尽管霍夫曼或艾兴格林以及其同事没有得到拜尔公司的支持，但他们仍在继续开发新型药物乙酰水杨酸。恰好不久，拜尔公司出现海洛因问题时（见下），就需要这样一种新药来扭转局势。1899年，拜尔公司以“阿司匹林”商标发布了这种

魔鬼的杰作

起初，由于水杨苷有一个很严重的缺陷，即导致胃部问题，拜尔公司并不热衷于花费大量精力开发水杨苷，而是把注意力转向他们正在开发的另一种止痛药上。新药是二乙酰吗啡，受试者反映该药效果很好，让他们感到自己很棒。因此，1874年，拜尔公司将其命名为“海洛因”，并宣称该药是一种安全、不致瘾的吗啡替代品。该药主要作为止咳药销售，尤其用于儿童止咳。几年后，问题开始浮现。这种药并不像当初公司所声称的那样“不致瘾”，有些人为了搞到买药的钱只得出售自己的旧物（junk），这些人也被称为“废旧品商人”（junkies）。

药，并以史上第一次群发邮件的方式进行营销（群发给了3万名医生）。发布后不久，该药物也成为第一种以片剂形式出售的药物。阿司匹林在当时被看作神药：一种可以治疗疼痛和发热的简单而廉价的药，且没有像海洛因一样的致瘾问题。很快，阿司匹林风靡全球。它的地位在1956年扑热息痛（美国生产的对乙酰氨基酚）问世之前一直没有受到挑战。事实上，1953年，当加利福尼亚州的一位全科医生发现服用阿司匹林的病人没有一个患心脏病时，更是增加了阿司匹林的神奇色彩。

1971年，当英国药理学家约翰·范恩发现阿司匹林如何发挥作用时，服用过阿司匹林的病人没有患心脏病的原因得到了解释。阿司匹林可以抑制前列腺素的产生，而前列腺素既参与促进脊髓神经元对疼痛的感知，也参与肌肉的收缩和扩张。它也能抑制和前列腺素一起参与血液凝固的血栓素的产生。心脏动脉中形成的血栓是导致心脏病发作的常见原因。

“魔术子弹”

阿司匹林是通过合成一种自然存在并已使用了数千年的物质制成的，虽然它的组成稍有改变。人类的下一步是生产与自然存在的化学物质几乎没有联系的药物。

19世纪后半期，化学家制造并实验了大量有机化合物，经常发现它们在杀死导致疾病的病原体的同时，也对人体造成了非常巨大的损害，以至于不能用作药物。例如，阿散酸（对氨基苯胂酸）就是这样一种物质，在杀死昏睡病的致病源——锥虫的同时，它也导致患者失明。

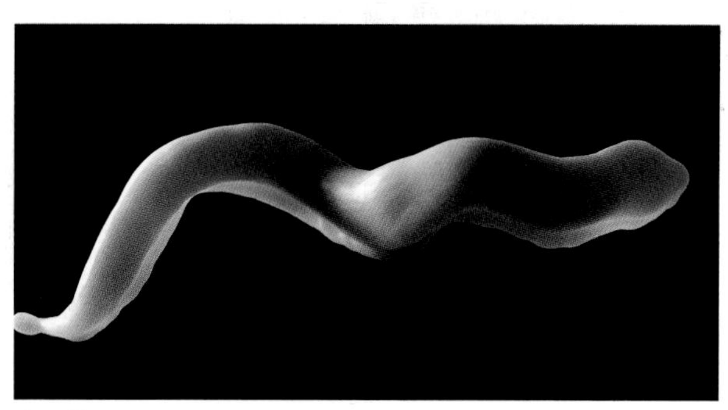
布氏锥虫，一种引起昏睡病（撒哈拉以南的非洲地区常见致命性流行疾病）的寄生虫。

对探究化学物质在疾病控制中的用处颇感兴趣的德国化学家保罗·埃尔利希有个启发性的想法：一个分子对人体有

保罗·埃尔利希的“魔术子弹”概念，是指一种只影响特定的靶向疾病载体的药物。

益的（例如杀死寄生虫）那部分可能和有害的（例如导致人失明）那部分不同。1906年，埃尔利希提出一个计划：制造并实验大量分子变体，或许其中有一种可以治愈昏睡病且不会使患者失明。1908年，埃尔利希因为提出“魔术子弹”这一概念，而被授予诺贝尔化学奖。埃尔利希弄清了阿散酸的分子结构，并开始制备其变体和用小鼠做实验。到1909年，他发现一种对人体安全且可以治愈梅毒的化学物质，将其称为“撒尔佛散”。这一药物很快就成为世界上应用最广泛的处方药。

德国细菌学家格哈德·多马克利用同样的方法，于1932年在感染了细菌的实验鼠上测试磺胺类药物时，发现百浪多息尤其有效。在他有机会于人体上进行实验之前，自己的女儿病倒了。没有药物能够缓解女儿的病痛。他打算冒险搏一搏，于是给女儿用了一个剂量的百浪多息。令他高兴的是，女儿痊愈了。于是，多马克组织了临床实验。药物通过了检验，并立即获得了成功。但百浪多息是一个复杂的分子，很难制备。1936年，巴黎巴斯德研究院发现了百浪多息的有效成分，即对氨基苯磺酰胺。该药物很快代替了百浪多息。

撒尔佛散、百浪多息和对氨基苯磺酰胺拯救了许多生命，但是20世纪40年代出现的另一个偶然发现——抗生素，很快取代了“魔术子弹”治疗。抗生素治疗法又把制备的角色重新归还给了天然生物体。

迟来的奖牌

1939年，多马克因发现了百浪多息而获得了诺贝尔生理学或医学奖，但在纳粹的强迫下，他只好拒绝领奖，并被盖世太保囚禁了一周。由于曾经批评过纳粹的卡尔·冯·奥西茨基获得了1935年度的诺贝尔和平奖，德国国民便被禁止接受诺贝尔奖。随着纳粹统治被粉碎，多马克于1947年领取了诺贝尔奖牌，但由于此时距他获奖已过去多年，所以多马克没能拿到本属于他的奖金。

弗莱明真菌

关于发现抗生药盘尼西林的故事众人皆知。苏格兰生物学和药理学家亚历山大·弗莱明在休假期间一直在琼脂板上培养细菌——葡萄球菌。他将培养物堆在一起等待清理。当他回来清理的时候，他发现盘子中有一块儿地方的细菌已经被它上面的霉菌——青霉菌杀死了。他进一步研究发现，“霉菌汁”（弗莱明的叫法）可以杀死其他类型的细菌，包括链球菌、脑膜炎双球菌和白喉杆菌。他让助理负责分离霉菌产生的活性物质。事实证明，它难以提取并且化学性质不稳定。弗莱明于1929年发表了他的结果。10年后，青霉素才成为可用药物。

将霉菌汁转变为药物的工作是由澳大利亚人霍华德·弗洛里和德国人恩

通过注射给药的撒尔佛散药盒。

从丙酮到以色列

第一个通过工业规模生产的生物化学制品，不是盘尼西林（青霉素），而是第一次世界大战期间生产的丙酮［$(CH_3)_2CO$］。丙酮是制造一种比火药威力更强大的炸药——无烟火药必不可少的成分。出生于俄国的化学家哈伊姆·魏茨曼研制出由一种耐酸菌（丙酮丁醇梭菌）发酵的葡萄糖或淀粉中制得丙酮的方法。魏茨曼的方法很快就被扩大规模，用于为盟军生产丙酮，并为后者的胜利做出了巨大贡献。

1917年，由于德国潜艇的活动，美国向英国供应的玉米（淀粉的来源之一）减少了，而英国种植的谷物和马铃薯都被用作食物。学校的儿童和童子军被要求收集橡子和七叶树果，用于加工成丙酮。约3000吨的七叶树果被收集起来，并被列车运送到秘密工厂。

魏茨曼也是一个充满热情的犹太复国主义者，他付出相当大的努力去影响支持建立一个犹太国家的英国政治人物。丙酮生产的重要性帮助他获得了人们对其事业的支持。以色列国成立时，魏茨曼的竞选活动因其对战争成果的贡献得到了公众的支持。魏茨曼于1949年初就任以色列首任总统。

斯特·钱恩在牛津大学完成的。他们把自己的实验室开发成生产盘尼西林的工厂，在浴盆、搅乳器以及接便器中培养菌液。1941年的初次实验既令人鼓舞又让人失望，他们将第一名患者——一名受伤的警察，从死亡的边缘拯救过来。没想到几天后青霉素用完了，那名患者也因此没有挺到最后。但其有效性已得到证实，很快青霉素就投入生产，并挽救了第二次世界大战中大量伤者的生命。

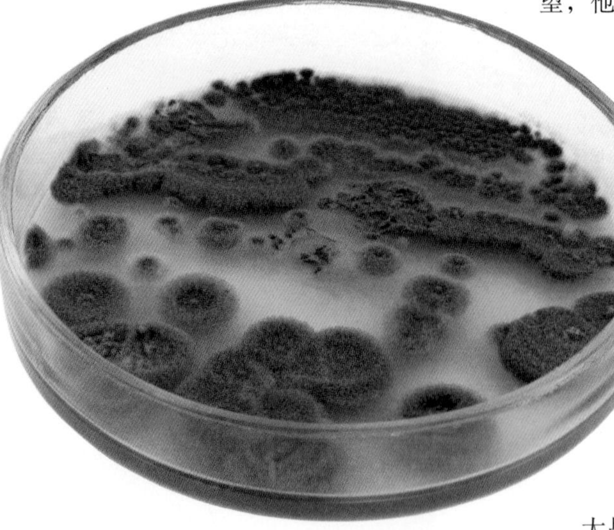

生长在琼脂板上的青霉菌。

身体中的化学反应出现问题

某些形式的疾病是由入侵的微生物引起的，例如青霉素杀死的细菌，但有些疾病是由于身体本身的化学系统故障造成的。正如20世纪50年代发现的那样，所有的身体过程都围绕着蛋白质的制造和运转。人体内在高达一百万的总体功能中同时运转的蛋白质数量，被认为大约有2万个，所以有很大的可能会出现问题。

甜蜜而致命

19世纪发现的一种由胰腺分泌的酶——胰岛素，对调节糖分的吸收至关重要。1889年，波兰裔德国医师奥斯卡·闵可夫斯基将胰腺从狗体内移除来测试它的功能。很快，他就看到苍蝇聚集在狗的尿液周围，因为尿液是甜的。这清楚地表明胰腺参与糖的吸收或排泄。尽管如此，直到1921年从胰腺中提取出胰岛素并证明其作用后，人们才发现糖尿病可以通过给予胰岛素来控制。

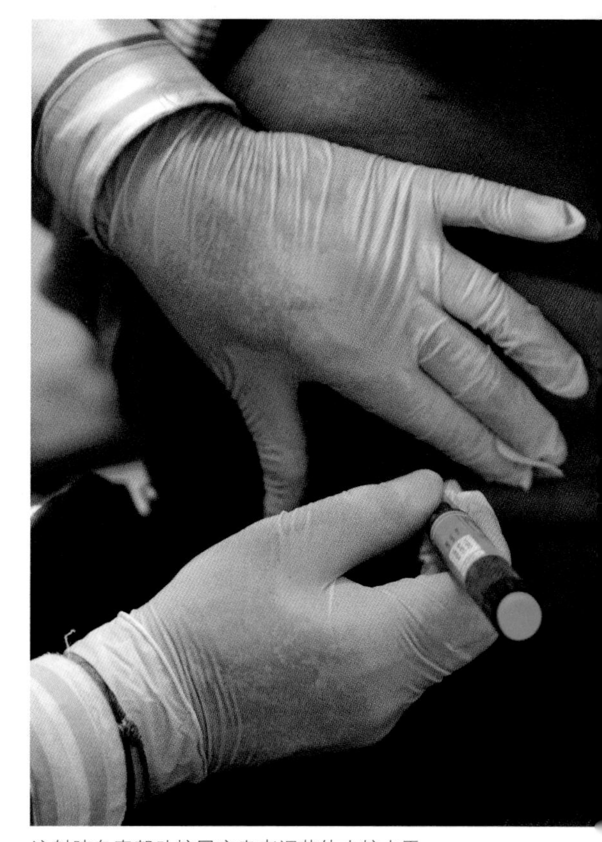
注射胰岛素帮助糖尿病患者调节体内糖水平。

起初，胰岛素只能从其他动物（通常是猪）的胰腺中提取。英国生物化学家弗雷德里克·桑格分别于1951年和1952年，发现了两种形式的胰岛素化学结构；10年后，第一个人造胰岛素产生。目前，大多数用于治疗糖尿病的胰岛素是通过生物工程得到的：通过酵母或一种细菌（大肠杆菌）产生。这种细菌已经通过基因工程改造

成生产人胰岛素的“工厂”。这一技术于1978年首次投入使用。生物活性分子的制造被交还给了活的生物体，但这次是在我们的监管下，而且生物体已经被重新设计成化学工厂。

来自过去的化学品

在有机化合物的两种天然来源——生物体和化石沉积物中，第二种是最容易开发利用的。煤、石油和天然气都是有机物质僵化或腐烂的产物。煤和石油的产生需要经历数百万年的时间：我们现在燃烧用的煤是3亿年前的树木死后经历腐化而来的。天然气（主要是甲烷）是深埋在地下的有机物腐烂后，或沼泽、湿地以及浅滩沉积物中微生物作用后产生的。

植物释放的甲烷气泡被冻结在加拿大亚伯拉罕湖的冰下。

珀金在尝试用煤焦油制奎宁时发现了苯胺紫染料。许多有用的物质都是来自各种形式的焦油和石油，其中许多也是偶然发现的（见219页）。

地下宝藏

“黑金”并不属于新发现。世界上有些地方利用各种各样的化石作为燃料已经有几千年的历史了，而且对它们的化学加工很早就开始了。沥青是一种由原油构成的黑色黏稠物质，在4000年前被发现并用于制造巴比伦城墙和塔楼。第一口油井是于347年在中国钻探出的；到了10世纪，中国人开始通过竹制的管道运输石油。石油还被用作染料，以及通过燃烧石油蒸发海水中的水分来制盐。在7世纪的日本，汽油被称为“燃烧的水”。

化石燃料是一种含有庞大碳氢化合物链以及各种分支和苯环的复杂化学物质的混合物，可以通过蒸馏进行粗略的分离。

分馏再分馏

尽管炼金士广泛使用蒸馏的方法，但他们采用的方法是反复蒸馏相同的物质以达到纯化它的目的。已知最早的蒸馏是通过煮沸液体并收集单一冷凝物的简单过程。美索不达米亚发现了公元前3600年的一个基本蒸馏器，由一个大约40升容量的大锅和一个可容纳2升液体的收集环组成。这可能是用来制造香水的器具。10世纪，阿拉伯化学家伊本·西那用蒸气蒸馏的方法加热水和玫瑰花瓣的混合物，再收集蒸馏产生的蒸气得到玫瑰水，制成了第一个现代香水。

18世纪后期，基于道尔顿和拉乌尔发现的与混合物中气体分压有关的物理定律，人们开发了可以分离不同沸点物质的方法——分馏。道尔顿定律指出，混合气体的总压等于各组分分压的总和。拉乌尔定律表示，各组分产生的总蒸气压与组分的摩尔比有关。

分馏

分馏是在上冷下热、底部和顶端温差最大的塔中进行的。混合物在底部加热并蒸发，气体在塔内上升，那些沸点最高的物质首先从塔内较低位置冷凝出来，而沸点较低物质的蒸气继续上升，直到抵达温度低于其沸点的位置时冷凝出来。这个过程并没有将化合物逐个完全分开。每个分馏可能含有几种不同的具有接近沸点的化合物。

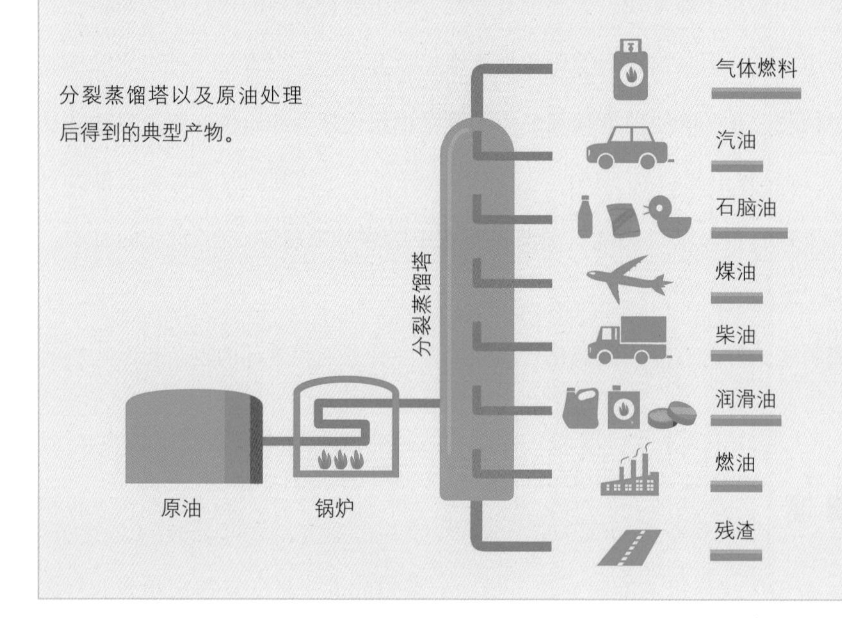

分裂蒸馏塔以及原油处理后得到的典型产物。

新兴产业

几个世纪以前，人们就发现石油或者说原油会从岩石渗出或从地底往上冒。也许现代石化工业的开端可以追溯到1710年或1711年，当时出生于俄国的瑞士医师艾瑞尼·德伊里尼发现了沥青，并在瑞士纳沙泰尔附近开发了沥青矿。这座矿山一直运营到1986年。

1745年，菲奥多·普里亚诺夫在俄国建造了第一个油井和炼油厂，其通过蒸馏石油生产煤油，用作修道院照明的燃料。但这只是小规模的运营，直到1847年石化工业才取得突破性进展。当时苏格兰化学家詹姆斯·扬在德比郡发现了渗漏的天然石油，并发现他可以通过蒸馏石油提炼出一种稀薄的灯油和一种有润滑作用的

意外的路

柏油碎石用于道路表面建造源于1901年英格兰一次较小的工业事故。土木工程师埃德加·胡利路过一个焦油厂时，注意到有人在路上撒了一桶焦油。为了掩盖脏乱的路面，工人又在上面撒了一些碎石。胡利注意到覆盖有焦油和碎石的那部分路面是防尘的。次年，他将柏油碎石开发成路面铺装材料，并申请了专利。

20世纪20年代，正在铺柏油的伦敦工人。

更黏稠的油。1850年，他获得了从煤中提取几种物质的加工专利，这其中包括石蜡（煤油的一种更精炼形式）。扬开办了合伙企业，并在苏格兰开设了世界上第一个商业石油厂。同时，加拿大地质学家亚伯拉罕·格斯纳发现了如何从煤、页岩油以及沥青中提取煤油。煤油的使用给城市带来了光明。首先应用煤油的是加拿大，然后是美国的纽约和其他城市。波兰药剂师伊格纳齐·武卡谢维奇改善了提炼煤油的方法，并尝试从原油中提取煤油，最终找出了更容易实施的方法。

不久之后，煤油第一次用于街道照明，使我们走上了使用液体化石燃料和天然气的道路。很快，内燃机的发明和汽车的发展对石油产品有了进一步需求。但石油和原油不只是用来生产燃料。偶然发现的化石燃料产品——塑料和人造纤维，也成为20世纪消费主义的中心，对此我们将在第九章中详细介绍。

第八章

分析化学

弄清楚一个事物的成分及成分的含量是获取知识的最确切的方法。

——扬·巴普蒂斯塔·范·海尔蒙特，1644

研究混合物或化合物最重要的一步是找出其究竟含有什么。研究化学物质组分的工作被称为分析。分析化学在早期化学中就发挥着重要的作用。换句话说，现在的一些技术已经非常古老了。但是，当化学家得到元素清单时，工作并没有结束。正如我们所看到的，弄清化合物中原子是如何排列组合的也非常重要。

在蒙古国的一家啤酒厂从事质量检测工作的化学分析师。

研究与鉴定

现在，进行分析的原因有很多：确保物质的质量或纯度，揭示其组成以便复制，调查毒害和污染等问题。最后一项还包括刑侦技术，如鉴别毒物，检测疑似纵火案件中使用的促进剂，调查假冒商标产品（化妆品和食品等产品的不正当仿制）。

绿色与死亡

砷化合物是有效的绿色染料，但是它们毒性很强。过去，它们曾被用于绘画作品、壁纸甚至食品着色。19世纪，一种装饰了用砷制成的绿色糖果的蛋糕，在苏格兰的格里诺克出售。结果，几个孩子因为吃了蛋糕而中毒身亡。

1858年，在英格兰布拉德福德，一批薄荷硬糖中偶然使用了砷，使得21人因此丧命，200多人发生严重疾病。在这批糖果中，砷化合物被误用作糖的替代品，而不是染料。这场灾难使得英国在1868年通过了《药剂法》，以控制有毒化学品的使用和销售。

这幅19世纪的漫画讽刺了糖果店使用砷这一事件。写着熟石膏的箱子暗指另一种危险性较小的掺假行为。

化学，湿法与干法

传统的分析方法通常被称为“湿法”或“干法”。湿法，包括化学实验，例如将化学物质添加到遇特定物质会改变颜色的化合物中。这是实验工作台操作的典型过程，许多上过学校科学课程的人对此都非常熟悉。大多数现代分析实验室已经用精密的仪器替代或拓宽了这些实验方法。自20世纪中叶以来，这些方法变得越来越自动化。“干法”，最初指用火焰加热，属于最古老的分析方法。

分析与鉴定

或许，最早的分析就是用于鉴定，即评估金属的纯度。这是质量控制最古老的方式，如检测金的品质。

至少在公元前2600年的巴比伦，人们就通过在熔炉中加热金来检验或纯化。任何混合在金里的其他金属都会被氧化并熔融到坩埚的一侧（见下文），留下纯的金。通过精确称量加热前后的金样品，可以确定其纯度水平。

第一种标准化的分析方法始于1343年，当时法国的菲利普六世就

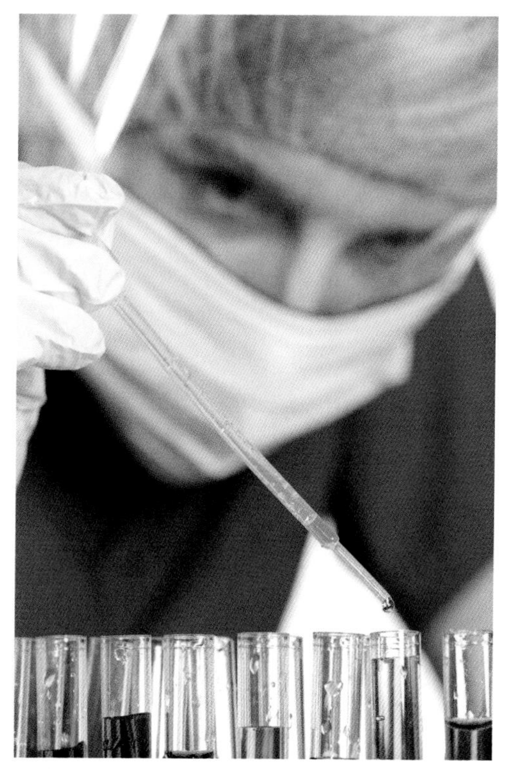

目前，分析仍需要手工进行精细的工作。常用设备在过去1000年内几乎没有变化。

1556年的一个灰吹炉。灰吹法在16世纪得到完善。

如何测试黄金的纯度提出了严格而详细的说明。其所采用的方法被称为“灰吹法”，在菲利普国王提出标准之前就已经被广泛使用。被测试的金属在灰皿（cupells，一种浅碟子）里和铅一起熔化。铅从金属中的氧化物（杂质）中得到氧而被氧化。随着混合物温度降低，熔点比银或金低的金属首先固化。氧化铅被吸附在灰皿上。菲利普六世规定灰皿应该由葡萄蔓灰和烧焦的绵羊腿骨制成，且必须很浅，经过良好的洗涤和抛光，然后用含有悬浮鹿茸粉末的液体处理，形成白色釉，以便在未来使用过程中可以除去吸附在上面的材料。

15世纪，人们开发了一种净化或分析黄金的新方法：被银和铜污染的金样品和锑一起熔化，使得杂质与锑反应并漂浮在金的上面。

湿物的干法分析

除了金属，另一种需要经常分析的物质是矿泉水。对其使用的是干法：火焰的热量用来蒸发水而留下矿物溶质。化学家会检查晶体的形状和颜色，品尝和嗅它们的味道，或许还将它们吹到火焰中（氯化钠以在火中发出爆裂声而闻名），又或在热铁上加热以观察结果。

17世纪下半叶，吹管的发展使化学家能够将空气吹入火中，使更多的氧气进入火焰，从而提高了温度，并能更精确地将火焰导向放在木炭块上的样品。1800年后，当英国化学家威廉·沃尔拉斯顿完善了可延展性铂金时，上述过程有时会将样

品放在铂丝上。样品经常与碳酸钠或硼砂（一种硼、钠和氧的混合物）混合。用碳酸钠时，可能会产生可辨别的分解产物；用硼砂时，可能会产生硼砂与玻璃熔合的特征色，这些可以帮助化学家识别样品。

湿法分离金

现代分析化学使湿法得到了广泛应用。第一个出现的湿法是用矿物酸溶解和分离金属。早在12世纪，艾尔伯图斯·麦格努斯就描述了硝酸的制备。硝酸起初被命名为“分离水”，因为它可以用于溶解金银合金中的银。15世纪时，该方法成为分离这些金属的重要方法。很快，化学家发现，如果金和银的比为3∶1时，此方法效果最佳。因此，他们有时会在混合物中加入银，以期能更有效地移除它。由贾比尔·伊本·哈扬在8世纪首次制得的王水（一种混合酸）是唯一一种能溶解金的液体。由于它也能使银沉淀析出，所以它提供了另一种分离银和金的湿法方法。

由于不了解原子以及它们是如何

关于金属

在《论天然金属》（1556）中，格奥尔格·鲍尔（也被称为格奥尔格乌斯·阿格里科拉）详细介绍了分析、熔炼矿石，以及分离和检验金属的过程。一般来说，分析过程是一个小规模的冶炼过程，用来检测矿石和产品。在书问世后的180年中，其都是关于采矿、冶炼以及金属加工方面的化学权威文本。

开采金属矿（1556）。

尝一尝

尽管现在的实验室安全检查员绝对不会这么做，但在20世纪下半叶以前，分析化学中的常见做法是通过嗅、感觉和品尝物质来帮助人们辨别。甚至，这些常见的方法在医学上很久以前就开始使用了，内科医生通过品尝患者的尿液来确定某些病情。糖尿病（来自拉丁语中“蜂蜜”一词）这个名字就是源于患者尿液的甜味。其是1674年，由托马斯·威利斯根据这一病情命名的。尝和嗅尿液一直是一种常用的诊断方法，直到化学诊断出现才终止。

17世纪晚期到18世纪初期，一位内科医生在检测尿样。

配置和重组形成分子的，溶解固体这一过程变得很神秘。范·海尔蒙特是第一个提出固体在溶解时不会消失的人。

寻找万能溶剂

炼金士期望找到一种能溶解任何东西的、他们称之为“万能溶剂”的物质。这个名字可能是帕拉塞尔苏斯杜撰的。当然，这其中存在一个最直接的问题：如果有这样一种可以溶解任何东西的液体，那么就不能将其放入任何类型的容器中，否则

现代pH标度

现代社会，物质的酸度或碱度用1到14的pH值判断，中点为7，代表中性。7以下的任何东西都是酸性的（pH值为1时酸性最大），而7以上的任何东西都是碱性的（pH值为14时碱性最大）。最简单的测试是用16世纪西班牙化学家阿纳尔德斯·德·维拉·诺瓦开发的石蕊试纸。这是一种用从地衣提取的染料浸渍过的滤纸条。石蕊试纸遇酸变红，遇碱变蓝，在中性环境中显紫色。颜色深浅表示相对酸碱度，可以通过和标明pH值的参照颜色图表进行对比，从而得到pH值。

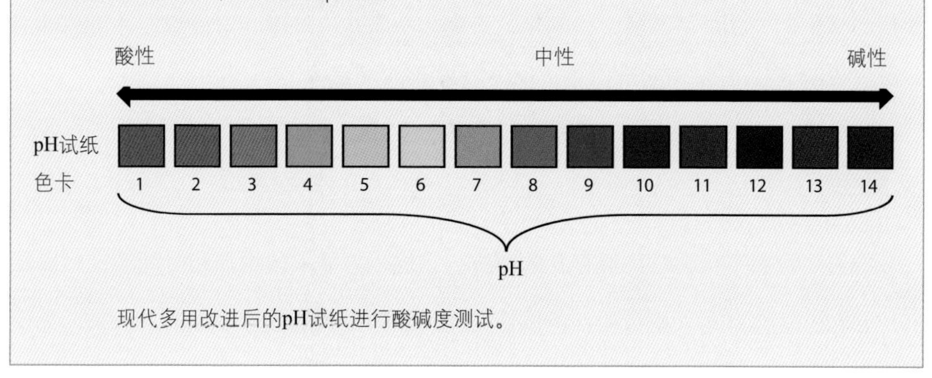

现代多用改进后的pH试纸进行酸碱度测试。

容器也会溶解。

一个更加实际的探索是，找到能够溶解任何非元素物质的万能溶剂。这是由乔治·斯塔基（见74页）提出的。在经典元素的理论中，用土制成的器皿可以用于溶解非元素物质。现代理论中，一种由基本金属制成的器皿可以用于进行反应。或者至少，如果万能溶剂真的存在，上述两种方式倒可以解决万能溶解剂的盛放问题。帕拉塞尔苏斯有一个以生石灰、酒精和碳酸钾为基础的配方。范·海尔蒙特相信帕拉塞尔苏斯的配方会奏效，并称该溶剂为“不受腐蚀的溶解水”。

湿物的湿法分析

最早已知的湿分析法利用的是矿泉水。公元1世纪，罗马作家普林尼指出，如果把含有铁的矿泉水滴在被橡树汁浸湿的莎草纸上，那么水滴就会变黑。这可以用于检测硫酸铜是否掺入硫酸铁。欧洲再次提到这种方法的是帕拉塞尔苏斯，他于

1520年使用了该方法。

罗伯特·波义耳首次提到如何利用一些蔬菜汁来指示物质的pH值（酸度或碱度）。他在《关于颜色的实验和注意事项》一文中记录到紫罗兰汁液和女贞果实中的提取物（以及许多从植物中提取的蓝色物质）遇酸会变红，遇碱会变绿，但是在中性物质中保持不变。这便是现代pH标度的起源（见193页）。

不管怎样，波义耳对这一违背当时普遍认知的发现感到满意：认为物质不一定非酸即碱，还可以是中性的。1904年，丹麦化学家索伦彼得·索伦森在嘉士伯啤酒实验室提出了pH概念，并于1924年修订为现代的pH标度。

反复尝试

有很多检测不同化学物质存在的测试。它们随着需求的增加和时间的推移而发展。起初，就像罗马人用橡树汁测试铁一样，这些测试是偶然发现的。后来，化学家利用“亲和力”知识，设计出根据元素反应性的测试，用一个物质取代或改变另一个物质。

一场关于砷的化学演示（1841）。

必需品驱动化学发展的一个例子是关于砷的马什测试。砷具有很高的毒性，但是19世纪砷被广泛用来杀死害虫和寄生虫。不可避免地，它也成为投毒者的最爱。如我们在布拉德福德中毒事件（见188页）所看到的，很少量的砷就能够致命。詹姆斯·马什是一位苏格兰化学家，1832年，他被要求为一个投毒案件找出疑似投毒者的证据。案件中，约翰·博德尔被指控用含有砷的咖啡杀死了他的祖

父。马什用砷的标准测试法进行测试，得到的产物表明咖啡中含砷。然而，到审判的时候，证明该案件的产物已经变质了，结果凶手被无罪释放。这种不公的审判鞭策马什设计出一种更好的砷检测方法——可以检测到五十分之一毫克的方法。他把样品和硫酸以及锌混合，得到气体胂（AsH_3）。点燃时，氢燃烧，而砷在冷的表面上沉淀为固体。

不混溶物

弄清楚混合物中的组分，通常需要进行分离。分离的方法包括过滤、沉淀、蒸馏、萃取以及层析。除了最后一个层析法，其他都是很古老的方法了。

过滤，用于将固体颗粒从液体中分离出来。例如，将混合溶液倒在滤纸或滤布上，水会渗漏过去，而留下固体颗粒。这种方法在远古时期就已被使用了。沉淀，用于将物质从溶液中分离出来。例如，加入能够和溶解物作用的化学物质，使溶解物形成沉淀而悬浮在液体中，或漂浮在表面，或沉到容器底部。蒸馏，通过加热将固体中的液体分离出来，或得到更加浓缩的溶液，或分离沸点不同的液体（见183页）。当达到液体的沸点时，其会变成气体而从混合物中分离出来，然后冷却，再浓缩成液体。

用茶包泡茶时，茶水中只含有茶的水溶部分。

萃取，将混合物加到仅能溶解其中某

些组分的溶剂中，通过溶解混合物中的这些组分达到分离的目的。一个常见的例子是泡茶：茶叶中的单宁酸、可可碱、多酚和咖啡因可溶于热水，但是其他成分如茶叶纤维素则不溶。从远古时期开始，这种方法就一直被用于烹饪、制造染料和香水。溶质还可以在不混溶（不混合在一起）的溶剂之间移动。通常，一种溶剂是水，而另一种是有机溶剂。一些溶质将溶解在有机溶剂中，这样就可以从水溶液中分离出来。

探究沉淀

罗伯特·波义耳曾积极地探索过沉淀分离法。当时，人们认为物质之间的“不相容”会导致在加入其他物质时，其中一种会从溶液中沉淀出来。例如，在酸性溶液中加入碱会使金属析出，被认为是酸和碱之间的不相容导致的。波义耳证实，有时加入中性沉淀剂也可以形成沉淀。例如，食盐使银从硝酸溶液中沉淀出来。结果发现，如果将沉淀出来的银进行干燥后再称量，此时的质量比他开始时溶解的银的质量要大。波义耳得出结论：银和沉淀剂形成了一种“结合”。

当把硝酸银添加到铬酸钾溶液中时，一种橙色固体（铬酸银）沉淀产生了。

在接下来的几个世纪里，越来越多的沉淀剂被发现，使湿法分析逐渐取代了干法。虽然湿法最初是一种定性的方法，但是随着化学家逐渐完善了提取和称量的方法，得以计算物质的质量在原样品中的百

分比，湿法分析逐渐变得可量化。重量分析法在评估矿石时尤为有用。有几种新的金属元素就是用这种方法发现的。德国化学家马丁·克拉普罗特用这种方法确定了铀、锆和铈。

定性与定量分析

定性分析旨在查明物质的组分，并不试图找出每个组分的比例；而定量分析则涉及物质中每种组分的含量。

19世纪，分析变得更加正规化和结构化。1821年，克里斯蒂安·普法夫发表了第一篇有关分析化学的文章。他描述了每一种试剂，并说明如何制备和使用它们。当时的试剂都是无机物，但到了19世纪末，合成有机试剂也被纳入了分析师的工具箱中。

滴定

称量反应中产生的沉淀，是一种判断物质在样品中的含量的方法；另一种方法是测量用于进行反应的试剂的量，即滴定法。其于1729年首次被提及。尽管第一次

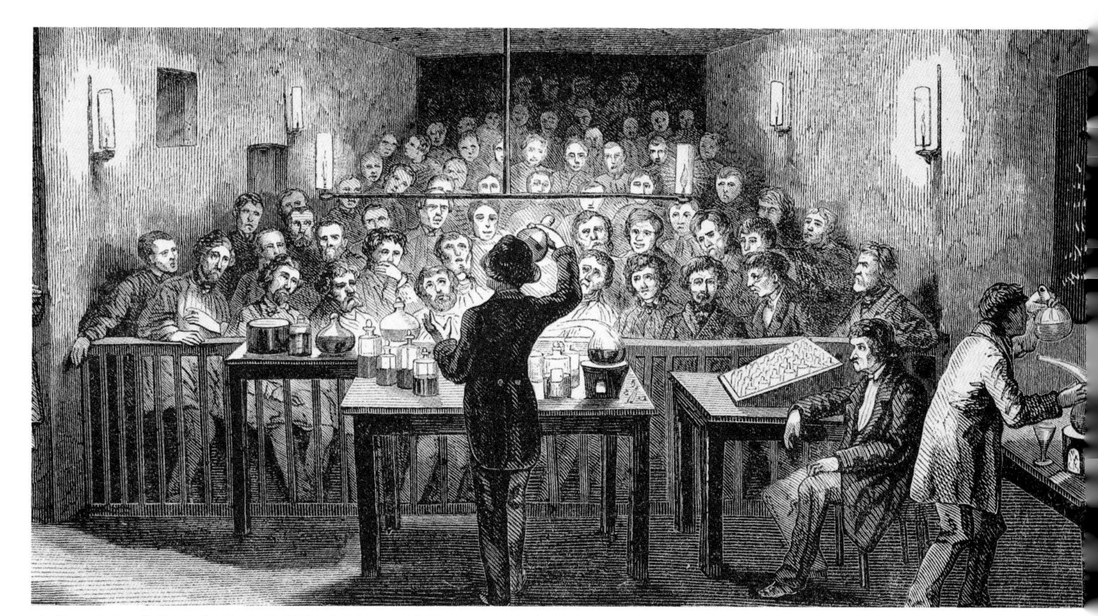

化学在制造业和商业中发挥着越来越重要的作用。这幅插图展示了1857年的巴黎工人正在上一节工业化学课。

用这种方法时，克劳德·若弗鲁瓦（1729—1753）只称量了试剂的质量而不是测量试剂的体积。若弗鲁瓦发现，加入少量的碳酸钾，醋中会产生气泡，通过观察气泡的有无，就可以测量醋中酸的含量，溶液中不再产生气泡时停止加入碳酸钾，这时称量之前加入的量，就能够比较多种醋样品的酸度。

有记录的第一个容量滴定实验是弗朗西斯·休姆于1756年在苏格兰进行的。实验利用前面提到的反应，但是滴定物相反，即休姆向碳酸钾中加入硝酸，每次一茶匙的量，直到反应完成。尽管这个实验不精确，但是它确立了容积测量方法。

随着由颜色的改变来指示反应终点的指示溶液的开发，滴定法得到了极大的改善。1767年，威廉·刘易斯写道，“某些蔬菜汁”的颜色改变可以指示碱的饱和点。19世纪50年代，卡尔·施瓦茨用硫代硫酸钠来指示氧化剂与碘化钾反应，释放碘。1846年，弗雷德里克·玛格雷特首次用高锰酸钾作为指示剂。随后，酚酞于1877年问世，由此开启了合成指示剂时代。

色谱

层析（色谱）是最新的湿法分离技术，由俄籍意大利裔植物学家米哈伊尔·茨维特（1872—1920）于1900年在俄国开发。但在此之前，化学家已经注意到，如果将一滴混合液体涂在滤纸上，其中的一些组分会比其他组分扩散得远。结果通常会得到一组具有不同颜色的圆环，表明液体已经渗透到滤纸的较远一端。有时，这种方法会被用于比较染料样品和质量控制，弗里德里希·龙格在1850年和1855年发表了对此现象的观察。

茨维特开发了色谱法来分离他正在研究的植物色素（叶绿素和类胡萝卜素）。他向一个装满碳酸钙粉末的柱子（色谱柱）中注入植物提取物的溶液，并观察到柱子上出现了不同色带。混合物中不同组分通过色谱柱的距离不同，就像液体混合物组分在滤纸上扩散不同的距离一样。茨维特用溶剂洗出每种分离的物质，并依次收集每种组分。

后来，越来越多的色谱方法被开发出来，但是所有的方法都是以两个不同相（固体和液体，或液体和气体）为基础，一个相携带样品通过另一个相。现代方法包括用流动的气相携带易挥发物的气相色谱法，和让溶液通过凝胶相的凝胶色谱法。

柱层析法中，根据各组分在填充材料中通过的距离，将各组分分离成不同的色带。

元素和电学

分析一个化合物涉及识别它所含的各个元素，因此直到拉瓦锡成功给出一些元素的准确描述后，化合物才得以进行准确分析。鉴别和分析的过程是相辅相成的。一种尤其有效的鉴别方法涉及电的使用。

电投入使用

直到19世纪，将化合物分解为其组成元素的唯一方法仍是使用化学物质或加热。但1800年，“伏打电堆”问世的消息传到了英国。这是由亚历山德罗 · 伏打在意大利设计的人类史上第一个电池（见135页）。1791年，伏打发现，当他用浸过盐水的布将银盘和锌盘

1801年，伏打向拿破仑·波拿马演示他的“伏打电堆”。

隔开，并用一根金属丝连接时，会有电流产生。这就是伏打电堆的雏形。1800年，他发现将这样的电池堆叠在一起可以创造出一个电力更大的装置——第一个电池组。后来，科学家们发现如果把银换成铜，可以得到同样的效果，而且价格便宜得多。

在听到关于伏打电堆的消息的几天后，威廉 · 尼科尔森和安东尼 · 卡尔勒制作了一个，并用它将水分解成氢气和氧气，同时还注意到两种气体是在不同的电极上形成的。到了19世纪末，汉弗莱 · 戴维对这个现象给出了解释：这是由于有化学反应正在进行，其中一种金属被氧化了。他发现，氢气出现在负电性的一端（锌），而氧气出现在正电性的一端（银或铜）。

经过进一步研究，戴维得出结论：化学亲和力本质上是和电相关的。在此基础上，他推断电可以用来分解化合物，因为“无论元素的固有电能多大，其强度值都是有限的，而人造仪器产生的能量则可以无限增大”。

因此，他开始尝试用电分解那些用之前的方法无法分解的物质，包括碳酸钾

和苏打（碳酸钠）。利用这种方法，戴维最终分离了钾和钠——这两种元素由于太活泼而不能在自然界以元素的形式存在。他继续用这种方法提取了钙、钡、锶和镁。戴维意识到，钾极大的反应活性可能意味着可以利用钾取代其他物质的氧化物来分解这些物质。1808年，戴维从硼酸中分离出硼——仅在盖-吕萨克和路易斯·贾奎斯·瑟纳德完成了同一件事的几天后。戴维对分解氮、硫和磷元素的尝试必然不会成功，但是他确定了拉瓦锡的“氯酸”中的元素为氯。尽管他没有从氢氟酸中分离出氟，但是他坚信自己找到了另一种元素。1813年，戴维得到了一个从海藻中发现的紫色

反复

西奥多·冯·格罗特斯认为，伏打电堆中一个终端释放出氢气或氧气时，表明水已经被分解。然后，游离气体会和附近水粒子的恰当部分结合，取代其等价物。所以，游离氢气粒子会取代附近水粒子中的氢气粒子。这就使整个溶液中建立起连续的分解和重组链。这种奇怪的理论未考虑粒子为什么会表现出这种浪费能量的方式，直到19世纪80年代这一理论才被推翻。

虽然大多数的研究都与电有关，但法拉第的研究中也有很多涉及化学。

固体样品，并将其确定为碘。盖-吕萨克的研究与戴维的相似，也发现了碘，并命名为“iode”（法语中的碘），戴维只是对这个名字进行了英文化。

迈克尔·法拉第（1791—1867）一开始是汉弗莱·戴维的助理，但他继续着自己对电的研究。他以发现电磁学基本原理而闻名，同时也致力于化学物质的电分解。法拉第发现，如果他将电通过一个氯化氢溶液，释放的氢气量将取决于所用的电量。他还发现，在相同的电量的条件下，不同元素的释放量和它们的当量成比例。这一发现支持了他的理论：电打破了将化合物结合在一起的“亲和力”。

美好与理智

尽管拉瓦锡将“光”列在了他的元素列表中，但是现在我们知道光不是一种元素。不过，它对确定新元素和帮助判断化合物的构成有重要作用。

正如17世纪60年代艾萨克·牛顿发现的那样，白光可以被分成一个彩色光谱。

分解光

1752年，苏格兰物理学家托马斯·梅尔维尔在向火焰中投放不同的材料进行实验时，就已经知道一些物质可以产生有色的火焰。但是，梅尔维尔发现，如果他让火焰产生的光通过玻璃棱镜，就会出现一个奇怪的光谱：光谱中各个颜色之间都有一个黑暗的间隙，有时这个间隙还非常大。19世纪20年代，天文学家威廉·赫歇尔对此进行了进一步研究，他发现可以通过在火焰中加

热元素的粉末样品，再检验它们的光谱，来进行元素鉴别。

向恒星上投射光

光谱学使以前看起来不可能的事情成为可能：

我们关于（恒星的）气体外壳的认知，必定限于它们的存在、大小……以及折射能力。我们根本不能确定它们的化学成分，甚至它们的密度。……我把任何关于各恒星真实平均温度的概念都看作我们永久不可完成的任务。

——奥古斯特·孔德，1835

注意间隙

1802年，英国化学家威廉·沃尔拉斯顿发现，如果使太阳光通过棱镜后产生的光谱传播得足够广泛，就会出现微弱的暗带。两年后，德国光学玻璃制造工约瑟夫·冯·弗劳恩霍费尔发现了同样的现象。好奇的冯·弗劳恩霍费尔对此进行了系统的研究，发现暗线“几乎是不可数的”。这些暗线后来被称为“弗劳恩霍费尔谱线”。在那之后，弗劳恩霍费尔开始研究恒星和行星的光谱，并将它们和太阳光谱进行对比。这一技术已被证实对天文物理学中发现太阳和行星的化学成分有相当大的价值。

弗劳恩霍费尔开发了由一系列密集的狭缝组成的衍射光栅，使得他能够精确测量光谱线的波长，这是玻璃棱镜无法实现的。不幸的是，弗劳恩霍费尔在进一步深入这项工作之前去世了。大约30年后，德国物理学家古斯塔夫·基尔霍夫发现，每种元素和化合物都有其明确的光谱，这相当于每种元素都有一种光学指纹。未来几年中，许多人致力于确定不同光源的光谱，学习从它们的光谱确定其化学组分。

光的吸收与发射

1848年，法国物理学家莱昂·傅科发现吸收光谱。顾名思义，它与发射光相反。他意识到，如果在含有钠的火焰后面放一个强光源，那么光谱中的黄色光带就会被吸收。1859年，古斯塔夫·基尔霍夫将这两个发现放在一起研究，发现一种物质会吸收与其发射波长相同的光。如果吸收和发射光谱放在一起，则其中的间隙和

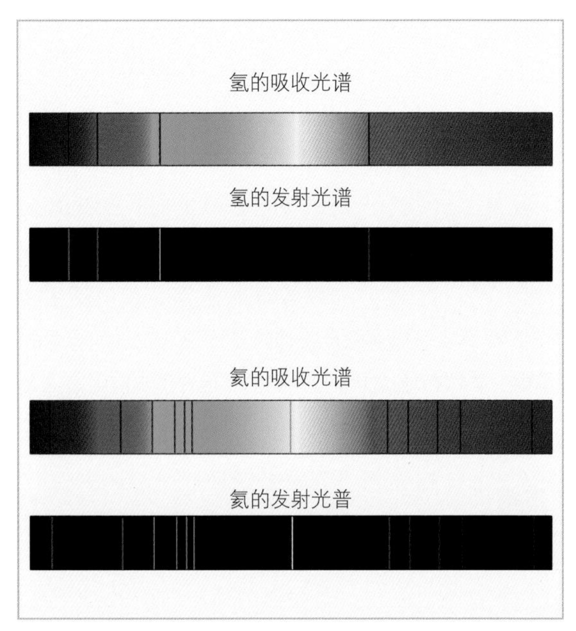

色带将会互补。

基尔霍夫与德国化学家罗伯特·本生（1811—1899）合作，将成千上万种物质的光谱进行了编录，达到0.01%的准确度。1855—1863年，他们将盐引入本生灯（本生发明的一种加热器具）的火焰中来产生发射光谱，并用燃烧的酒精冷焰来研究

不只是可见光

红外（IR）辐射发射是光谱学的一种。红外分光光度计测量样品吸收的红外线波长，这些波长和已知的键能成比例。不同能量形式与不同类型的键联系在一起。第一批红外光谱是美国物理学家威廉·科布伦茨于1905年发表的。他改进了这项技术，并用他设计的设备进行了艰苦的测量。科布伦茨注意到一些分子基团有特征谱。这一发现将红外光谱的使用拓展到了有机化合物的分析上。光谱学在司法科学中有多种应用：从找出纵火案中的加速剂到检验艺术品的真伪。

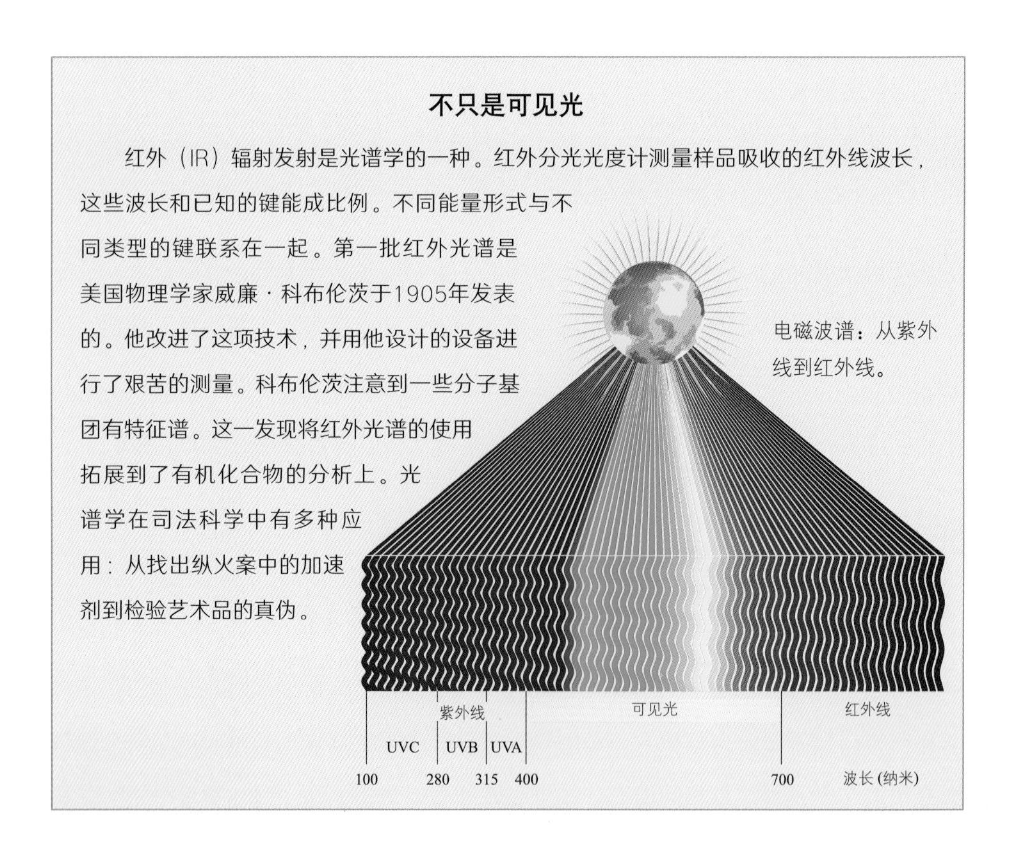

电磁波谱：从紫外线到红外线。

> **太阳上的元素**
>
> 尽管我们有人造光，但是地球上的大部分光都来自太阳。1868年，法国天文学家皮埃尔—朱尔—塞萨尔·让森在日食期间研究太阳光谱。他注意到一条陌生的黄色谱线。英国天文学家诺曼·洛克耶意识到这条线不可能是由任何已知的元素产生的，因此这一定表示太阳中存在一种地球上没有的元素。他将其命名为“氦”，来自希腊语中“太阳”一词。这是在地球之外发现的第一个元素。
>
> 后来，地球上发现了由地壳中的岩石放射性衰变产生的氦。这种气体只占大气的0.0005%，因为它不断逸出到太空中。虽然在地球上氦是罕见的，但它是宇宙中第二大普遍的元素。氦是通过恒星中两个氢原子核的核裂变形成的，这也是制造所有其他元素的第一步。

吸收光谱。研究过程中，他们发现了两种新元素，铷和铯；其他化学家用相同的技术发现了另外15种新元素。这种方法就是现在众所周知的光谱学。

基尔霍夫和本生解释说，太阳光中发现的弗劳恩霍费尔线是由太阳表面上的元素吸收温度更高的内部发出的光导致的，因此可以用于对太阳的大气层进行化学分析。瑞典化学家安德斯·埃格斯特朗利用此方法对太阳大气层进行化学分析，并于1853年观察到了氢的光谱。1868年，在太阳的特征光谱中首次发现氦，这比地球上氦元素的发现早一年。

基尔霍夫和本生建立了光谱学作为分析工具，使化学家能够仅通过燃烧，然后将产生的光谱与编录中列出的光谱进行对照，来确定研究对象的组成。这是一种定性而不是定量的方法——它揭示了物质中都有什么组分，而不能给出各组分的含量。光谱学是目前确定恒星组成的唯一途径。

早期的分析师不得不用已知的光谱来和从样品中得到的光谱进行比较，而现代计算机化的仪器利用光谱数据库使这一过程得到简化。现在的技术突破了可见光局限，延伸到了其在电磁波谱中的相邻光区，例如红外线（见204页），极大地拓宽了适用范围。

按质量测量

想象一下，你用软管直接向一个在地板上滚动的球射出一股水，球的路径将会被改变或发生偏转。偏转多少将取决于球的质量和喷水器所施加的力。用同样的喷水器，重量轻的球将比重的球偏移得更多。同样的原理可以应用于移动的粒子。质谱仪就是基于这一理念，其是另一种确定化学样品组成的设备。它使离子在通过真空时发生轨迹偏移，再测量离子的偏移，最后计算出它的质量。

研究射线

19世纪中期，科学家开始用放电管进行实验。放电管是一种密封的容器，电荷会穿过其中的气体，结果得到在电极之间移动的带电粒子流。1886年，欧根·戈尔德斯坦发现，在穿孔的阴极（负电极）中，阳极射线（他称之为“极隧射线”）沿着和阴极射线相反的方向移动。1897年，约瑟夫·汤姆森将阴极射线确定为电子流。1907年，一个事实逐渐浮现：组成极隧射线的粒子的质量并不都相同。这就需要进行进一步的研究。

一种用于阴极射线实验的放电管。

1913年，汤姆森在放电管内控制住了一束离子化的氖，使其通过磁场和电场。离子撞击这束离子化氖会产生一片光，他用摄影底片捕获光，以测量其偏移量。汤姆森发现了两个光斑，表明粒子的偏转沿着两个不同的路径。这可能意味着存在两种质量不同的粒子——他发现了氖的两种同位素（结果证明是氖-20和氖-22）。汤姆森的实验为质谱学奠定了基础。

质谱学和同位素

1919年，汤姆森的学生，弗朗西斯·阿斯顿在英国剑桥发明制造出了质谱仪，并用这个仪器确定了氯、溴和氪的同位素。这终于解决了氯的原子质量为35.5的困惑——即为两个同位素的平均值。阿斯顿继续同位素的研究工作，并确定了287种天然存在的同位素中的212种。这项工作促使了“整数规则”的产生：如果氧的质量为16，那么它的所有同位素的质量都是整数。

阿斯顿还发现，氢的质量比预期的（即比基于其他元素质量计算得出的质量）高1%。这表明在氢原子核融合形成氦以及随后的其他元素时，失去了能量（见148页）。1932年，肯尼茨·班布里奇用他那极其精准的新型质谱仪证实了氢中暗含的质量和能量的等价性，也就是爱因斯坦方程$E=mc^2$。

向内部探索

光谱可以确定组成物质的元素；质谱可以确定元素、基团以及同位素；红外光谱可以确定化合物（或混合物）中的键。下一个被添加到分析化学家工具箱的是电磁波谱中的X射线。但是，研究者不是用X射线来检测样品中存在哪些物质，而是用它来研究晶体的结构，给出原子的位置。DNA双螺旋及重要生物蛋白质的结构是生物化学的最后一部分难题，1912年发明的X射线晶体学帮助解决了这一难题。

X射线晶体

1895年，德国物理学家威廉·伦琴发现了X射线。与此同时，人类刚刚完成了找出晶格可能具有的对称性。1912年，人们将这两项发现联系起来。保罗·彼

雪花与钻石

雪花是由许多聚集在一起的冰晶组成的。在显微镜下观察，每个冰晶都是六角对称的。X射线晶体学显示的水分子在冰中的排列，揭示了每个水分子周围的氢键都是以四面体形式排列的。

X射线晶体学阐明的另一个结构是金刚石（钻石）的结构。金刚石和石墨都是完全由碳原子组成的，却具有非常迥异的性质，这主要源于原子在各自结构中的排列不同。（原子不同排列形式的变体称为同素异形体。）使用X射线晶体学可以清晰地看到碳的同素异形体中原子的不同排列。在金刚石中，每个碳原子和其他四个碳原子共价键合（即共享电子），形成一个巨大的矩阵。而在石墨中，每个碳原子只和另外三个碳原子键合，形成平面结构而不是三维结构，使得石墨具有易于滑动的层结构。我们可以用石墨铅笔写字，就是因为石墨层很容易从铅笔芯滑落到纸上。

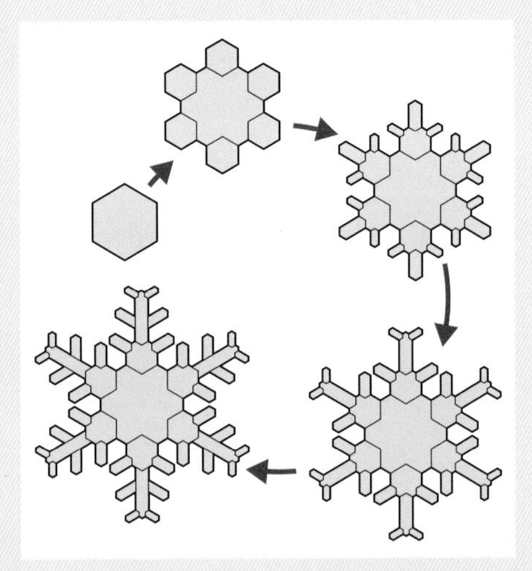

雪花结构对称，遵循其中心的六角形冰晶结构。

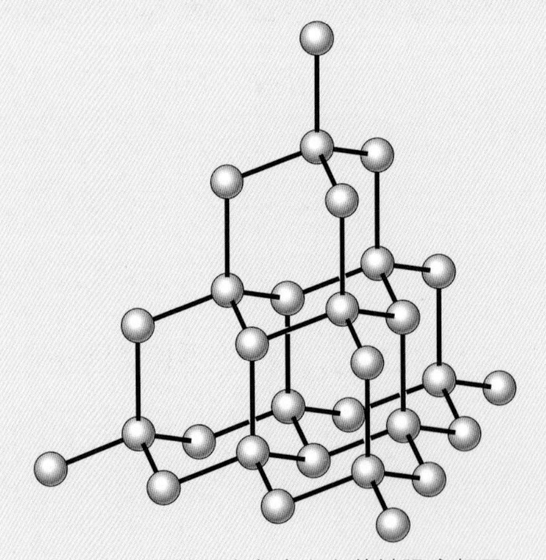

金刚石的晶体结构中各个方向的键强度相同，赋予材料高强度。

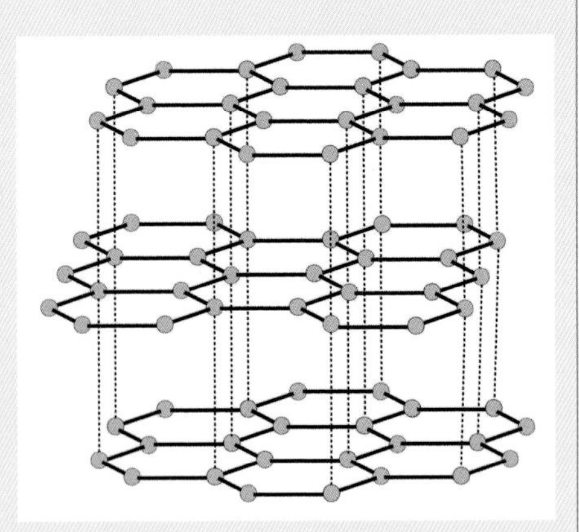

石墨的晶体结构，原子排列呈层状。

得·埃瓦尔德和马克斯·冯·劳厄用一束X射线照射并穿过硫酸铜晶体，再用感光片记录衍射图，结果得到了围绕中心圆圈的一系列光点（即光束）。冯·劳厄利用自己的数学知识开发了一个定律，将X射线的散射角度与晶体结构中晶胞的大小和方向联系起来。

1910—1926年，威廉·亨利·布拉格和他的儿子威廉·劳伦斯·布拉格开发了用于研究晶体结构的X射线分光计。

很快，这一发现在化学方面的作用就显现出来了，而且这不是一个突如其来的想法。埃瓦尔德之前就曾想过用衍射来观察晶体的结构，但是意识到可见光的波长对于这样的研究工作来说太大了——远比晶格中原子或分子之间的空间大。短波长的X射线恰到好处，因为它与晶体内的间距大致相同。

1914年，利用X射线晶体学阐明的第一种晶体结构是食盐（氯化钠）晶体，这也确立了离子化合物的存在（见149页）。1913年，威廉·布拉格给出的金刚石结构，证实了范特霍夫提出的碳原子的四面体键合结构。20世纪20年代，X射线晶体学被用于了解矿物和金属及其化合物中的原子排列。1923年，莱纳斯·鲍林发现了锡化镁（Mg_2Sn）的结构；1924年，石榴石（硅酸盐矿物家族）结构成为首个被还原的矿物结构。通过给出矩阵中原子之间的间距，X射线晶体学也揭示了原子的大小和各种键的键长。

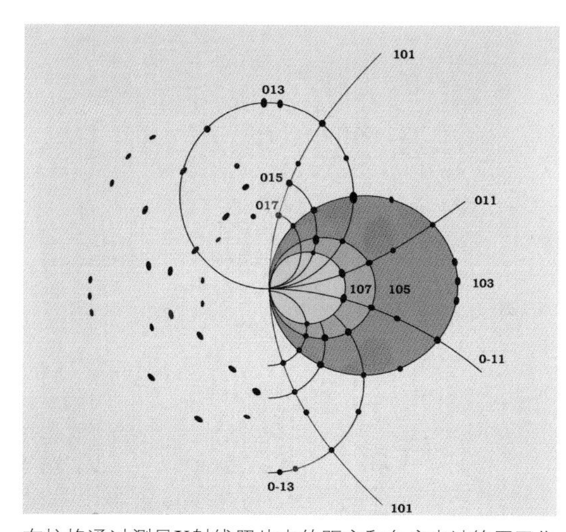

布拉格通过测量X射线照片中的距离和角度来计算原子位置，从而还原晶体结构。

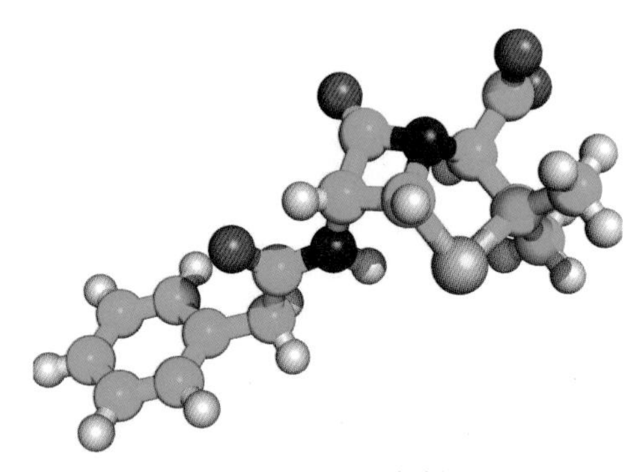

现代计算机绘制的青霉素分子的结构。

1946年，多萝西·克劳福特·霍奇金发现了青霉素分子结构，上图为其球棒模型。绿色、白色、红色、黄色和蓝色球分别代表碳、氢、氧、硫和氮原子，棍子代表它们之间的键。

生命化学与X射线晶体学

20世纪20年代和30年代期间，X射线晶体学得到了精练和完善，并开始应用于有机化合物。20世纪20年代，这项技术首次应用于有机分子的研究。这项研究从1923年的环六亚甲基四胺（甲醛和氨的结合物）这类较小的分子开始，随后涉及一些长链脂肪酸。这项技术应用于第一批大的有机分子是在20世纪30年代，其中最重要的工作是由英国化学家多萝西·克劳福特·霍奇金（1910—1994）完成的。她分别弄清楚了胆固醇（1937年）、青霉素（1946年）、维生素B_{12}（1956年）以及胰岛素（1969年）的结构——完成最后一项工作她用了30多年的时间。

大个子——DNA

人类将DNA解读为携带遗传编码的化学物质，经历了漫长而复杂的过程，这其中只有一部分是和化学有关的故事。19世纪，人类首次观察到了活细胞内的长链染色体，但是并未能进行正确的鉴定。这些染色体的组成物（与蛋白质结合的DNA和RNA）分别于不同的时间被命名为核蛋白和染色质。1878年，阿尔布雷希特·科塞尔表示，“核蛋白”含有一种非蛋白质组分，他称之为“核酸”。

多萝西·克劳福特·霍奇金

出生在埃及的多萝西·克劳福特·霍奇金在英国诺福克和苏丹度过了童年。她就读的郡立学校允许她和男孩们一起学习化学（通常这个科目是不对女学生开放的），并给她提供课外拉丁课程，使她能够申请牛津大学。（当时，拉丁语是一项入学要求。）她是从牛津大学获得一级学位的第三位女性。霍奇金后来对使用X射线晶体学研究生物分子产生了兴趣，并参与了对胃蛋白酶（一种消化酶）结构的首次研究。

1948年，即发现维生素B_{12}的那一年，霍奇金第一次接触到了维生素B_{12}，并制得了它的晶体。当时人们还不知道它的结构。霍奇金意识到它含有钴，但是其他的成分则不得而知，这使维生素B_{12}成为用X射线晶体学研究结构的最具挑战性的物质。她于1955年发表了维生素B_{12}的最终结构，并于1964年成为第一位获得诺贝尔科学奖的英国女性（截至目前也是唯一一位）。

1934年，霍奇金得到了一个胰岛素晶体小样本，并开始研究胰岛素。当时，X射线晶体学还未得到充分的发展，不适于研究胰岛素的结构。霍奇金致力于发展这项技术，于是在1969年最终揭示了胰岛素的结构。

1885—1901年，科塞尔确定了DNA和RNA的核苷酸碱基：腺嘌呤、胞嘧啶和鸟嘌呤（在DNA和RNA中均有发现），以及胸腺嘧啶（仅在DNA中发现）和尿嘧啶（仅在RNA中发现）。1919年，出生于俄国的美国生物化学家菲巴斯·利文确定了核苷酸单元，即碱基、糖和磷酸，并证明DNA是一系列通过磷酸基团连接在一起的核苷酸单元。不过，他并没有表明序列的多样性，而是假设DNA只是相似单元不断重复的结构。这样的结构不会赋予分子携带任何复杂编码的潜能，因此这不可能是DNA的结构。

20世纪40年代后期，奥地利化学家埃尔文·查戈夫发现DNA的碱基总是成对出现的，而奥斯瓦尔德·埃弗里于1944年确定了DNA携带遗传信息，且这一说法在1952年得到了艾尔弗雷德·赫希和玛莎·蔡斯的证实。然而，在使用X射线晶体学之前，化学家只知道有一些单元包含与糖和磷酸基团垂直连接的核苷酸碱基。他们

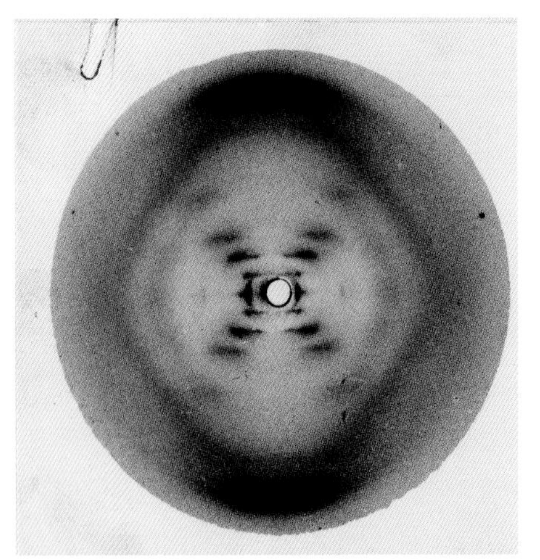

富兰克林和戈斯林的51号照片，成为解锁DNA结构的关键。

知道这些单元可以连接在一起形成一个链，但是不知道有多少单元，以及连接成的链的结构。DNA有可能包含以某种方式连接起来的一条、两条、三条或更多的链，磷酸基团位于中间或从两侧伸出。一切就绪，就只差证明了。

寻找DNA结构的竞赛缩小到两个团队之间：英格兰剑桥的一个团队和在美国工作的化学家莱纳斯·鲍林团队。1953年，鲍林发表了他的尝试，提出一个中心为磷酸-糖骨架的三链螺旋结构。由弗朗西斯·克里克和詹姆斯·沃森组成的英国团队，得到了在伦敦工作的莫里斯·威尔金斯的帮助，他们认为必须迅速采取行动，以在其他人之前指出鲍林结构中的错误。这些错误在他们看来是很明显的——他的模型不会发挥像酸一样的作用，所以不可能是正确的。威尔金斯以一种明显不道德的方式给克里克和沃森展示了解决这个难题的关键信息。这一至关重要的信息是在X射线晶体学家罗莎琳·富兰克林的监督下，其博士生雷蒙·戈斯林于1952年拍摄的质量极好的X射线照片（“51号照片”）。但是，威尔金斯在没有得到富兰克林许可的情况下，就将它展示给了克里克和沃森。

51号照片比他们以前用的以及鲍林可用的照片要清晰得多。它显示了DNA链的双螺旋性质，其主链是交替的脱氧核糖和磷酸分子。由此，克里克和沃森能够进行计算，以确定DNA的总体大小和结构：双螺旋结构，其中糖—磷酸基团构成梯形的两侧，而配对的碱基即为梯级。

DNA结构的发现为现代遗传学、人类基因组的绘制、基因工程以及遗传医学打开了大门。它也毫无疑问地证明了生命中的一切都是化学的。

探秘蛋白质

20世纪50年代后半期，化学家开始用X射线晶体学研究蛋白质的结构。蛋白质是大且复杂的分子，是所有生命过程都必不可少的物质。第一个被发现的蛋白质结构是抹香鲸的肌红蛋白；从那时起，用X射线晶体学已经确定了超过86000个大分子结构，比下一种流行的检测方法多了10倍。

如何做

现代X射线晶体学最适合研究单一的、非常纯净的晶体。逐渐旋转照射角度，从不同角度记录X射线衍射图。收集这些数据集，然后用计算机处理图像，并计算出晶体中不同原子的键长、键角以及不同原子的位置，最后建立分子的功能三维模型。

蛋白质具有决定自身行为的不规则结构，是其在生命体系中发挥作用的基础。当蛋白质形状改变时，它们会“变性”，且其特性和功能都会发生变化。关于变性蛋白质的一个常见的例子是煮熟的蛋清：我们不可能让蒸煮过的鸡蛋恢复到未蒸煮时的状态（改变后的蛋白质不能恢复到原来的形态）。现在，弄清楚蛋白质的形状和功能的研究正深入到营养学和病毒作用等多个领域。

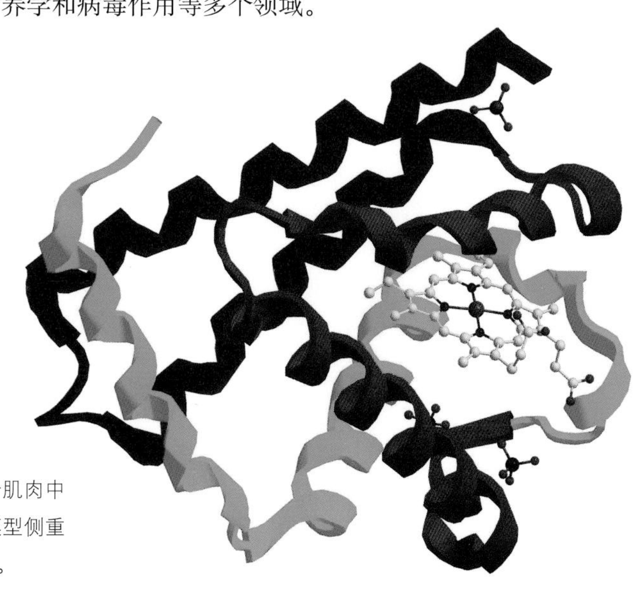

肌红蛋白带状模型，一种结合肌肉中氧气的蛋白质。这种类型的模型侧重于形状而不是分子的化学组成。

第九章

制造物质

了解表面形式和理解物质表面下潜在的自然统一是非常不同的。因此，后者能够识别并带来以前从未出现过的事物。这类事物既不存在自然的盛衰，也不难进行实验，更不是使曾经出现的纯粹的偶然成为现实或人类向往的事物。

——弗兰西斯·培根，《新工具论》，“格言3”，1620

物质转换不再属于神秘的炼金术领域，而成为巨大的化学工业的核心。我们不仅生产自身需要的化学物质，而且可以设计出我们想要的属性——对分子结构进行微调来创造自然界根本不存在的物质。

发明于1930年的氯丁橡胶是一种合成橡胶，具有广泛用途，包括制造潜水装备，用于绝缘等领域。

合成与合成物

有史以来，人类一直致力于用化学制造物品。香水、釉料甚至汤，都是人们利用化学作用的产物。我们以自然界永远不会发生的方式合成和加工化学品，来生产新物质。许多物质是偶然或经过反复实验制得的，然后才发现它们的用处，有时还会进一步衍生出完整的新型材料群。塑料就是最多产和最重要的材料之一。

塑料革命

我们通常将塑料的使用和饮料瓶、食物托盘、饭盒以及玩具等类型的材料联系在一起。这些材料或硬或柔韧，通常颜色鲜艳，在加热时软化并可燃烧。然而，对于化学家来说，塑料是在软化时易弯，在硬化时能保持自身形状的一种有机材料。自然界存在天然塑料，如琥珀和橡胶，但是现代人造塑料更为广泛地被人们所知和使用。所有的塑料都是聚合物：它们的分子由至少1000个重复单元构建而成。塑料的性能取决于它们的分子结构：单个且没有分支的链倾向于形成光滑黏稠的物质；而当链之间产生交联时，物质的强度就会增加。

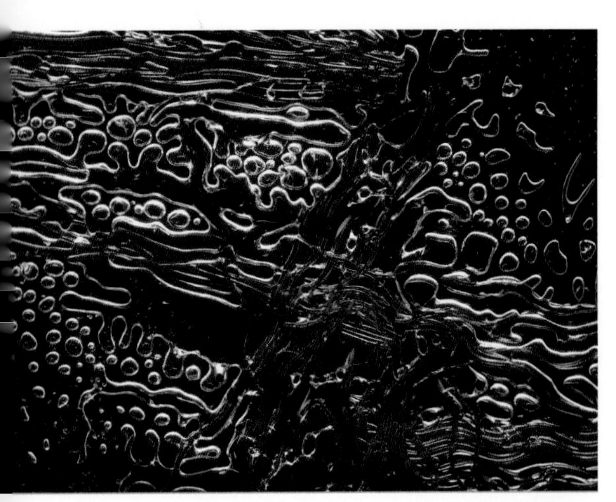

显微镜下的尼龙纤维；图像中显示的区域的宽度为1毫米。

源自天然

首次被使用的塑料是天然物质。千百年来，人们一直在使用琥珀和乳

胶（橡胶树的树液）。19世纪，化学家开始通过修饰一些天然聚合物来使其更加有用。橡胶和纤维素（组成植物纤维的材料）都被进行了“改编”。这为完全人造塑料的发展奠定了基础。

橡胶和救援

从1832年到1834年，纳撒尼尔·海沃德和弗里德里希·卢德斯多夫通过研究发现橡胶和硫黄混合，能够消除阻碍橡胶应用的黏性。海沃德可能把这一发现告诉了查尔斯·古德伊尔。1845年，古德伊尔获得了使橡胶耐用和无黏性的硫化处理的美国专利：添加硫化剂（最初通常是硫黄），然后在一定压力下加热橡胶，以使链与链之间发生交联。在古德伊尔获得美国专利的3周前，托马斯·汉考克获得了同样过程的英国专利。古德伊尔获利不多，但其他人却利用他的发明赚了不少。在这之后的几年中，古德伊尔试图保护他的专利，但是大部分都以失败而告终。1855年，他

橡胶人

南美洲出现的第一个文明是奥尔梅克文明。奥尔梅克的意思就是“橡胶人”。早在公元前1600年，他们就从橡胶树中提取乳胶，并用当地的藤蔓植物汁液处理，以制造加工橡胶。

秘鲁出土的一个约在1650年用橡胶树种子制成的橡胶球。

橡胶的分子结构。硫原子在烃链之间成键。

因债务问题而被监禁，并于5年后去世。他直到去世仍负债20万美元。古德伊尔去世10年后，以他的名字命名的“古德伊尔橡胶轮胎公司”成立。

橡胶可以保持一定的弯曲性（如塑胶靴）或可以被硬化。它最有用的，也是改变世界的应用听起来却很平常：橡胶垫和密封圈。然而，其在机械中的应用推动了工业革命。在此之前，浸泡在油中的皮革条已经被用于堵塞缝隙，以及在机械接头和连接处形成密封等，但是橡胶的效果比皮革条好很多。它足够灵活，可以在运动着的部件之间压缩，之后还可以恢复原状，并且可以根据需要进行精确的铸造。此外，它还比皮革更耐用，而且在运行的机械上产生的摩擦更小。橡胶垫成为19世纪蒸汽动力发动机和20世纪石油-汽油驱动的交通工具中，重要且必不可少的组件，并极大地提高了机器的效率。

来自植物的塑料越来越多

在古德伊尔正用从橡胶树提取的乳胶进行实验的同时，两位法国化学家路易斯—尼古拉斯·梅纳德和弗洛雷斯·多蒙特正在研究硝化纤维（或棉火药），即通过将纤维素暴露在硝酸中而使其被硝化。他们发现硝化纤维可以溶于乙醚，而加到乙醇中则得到清澈的凝胶状液体。该液体可以涂在人的皮肤上，干燥后便形成具有柔韧性的薄膜。从1847年开始，上述材料被用作伤口敷料，并命名为“胶棉”。

1890年，法国的一位摄影师正在拍照。她的胶卷就用了火棉胶。

1851年，英国雕塑家弗雷德里克·斯科特·阿彻发现了胶棉的另一种完全不同的用途，即可以用于制作胶片。胶片的出现最终取代了银版照相法。

另一位英国人，亚历山大·帕克斯，注意到照相胶棉在蒸发时会留下一种白色的残余物。利用这一发现，帕克斯开创了塑料行业。他开始生产名

为“Parkesine”的物质（一种硝化纤维素塑料），作为布料的防水剂出售。不幸的是，他的生意在试图扩张以满足需求时却意外破产了。

约翰·凯特于1868年成立了奥尔巴尼台球公司，并用赛璐珞制作台球。

塑料的下一个发展在美国和英国几乎同时进行着，这引发了优先权和专利的法律争夺战。英国的丹尼尔·施皮尔与美国的约翰·凯特和以赛亚·凯特两兄弟都通过在硝化纤维中添加樟脑得到了一种名为“赛璐珞”（xylonite或celluloid）的产物。施皮尔将其命名为“xylonite”，而凯特将其命名为“celluloid”。第二个名字仍在使用中。这是一种类似于象牙或兽角的硬塑料，因而被用作象牙及其他硬物的廉价替代品。

赛璐珞还被用于电影拍摄，直到20世纪50年代才被醋酸纤维素取代。由于产自硝化纤维，赛璐珞同样高度易燃，并在温度超过150℃（这一温度值在投影仪前很容易达到）时就会自燃。而醋酸纤维素则更加安全。

新型塑料

我们倾向于把塑料视为20世纪的新生事物，但是聚氯乙烯（PVC）和聚苯乙烯首次被意外制造出来是在19世纪的上半叶。当时，人们没有意识到这两种物质的用处。1835年，法国化学家、物理学家亨利·维克托·勒尼奥将一个氯乙烯气体样品遗忘在阳光下。后来，他发现烧瓶底部出现了一块白色固体：氯乙烯已经形成聚合物——

```
Cl       H   Cl       H   Cl       H
 \      /     \      /     \      /
  C = C        C = C        C = C
 /      \     /      \     /      \
H        H   H        H   H        H
                  ↓
      Cl  H     Cl  H     Cl  H
      |   |     |   |     |   |
    - C - C   - C - C   - C - C -
      |   |     |   |     |   |
      H   H     H   H     H   H
```

PVC是通过打破氯乙烯分子（C_2H_3Cl）内的碳碳双键，并将这些基团串联成长链而制成的。

PVC，即分子与分子连接在一起形成了一个长链。

勒尼奥没能意识到PVC的用途，因此PVC沉寂了一段时间。直到美国化学家瓦勒度·塞蒙发现了如何用添加剂使其塑化（即使它变得更易弯曲），才使PVC成为20世纪最好的材料。这一柔韧性良好的材料立即就被用于制作浴帘，而且很快便被大量用于其他产品。

聚苯乙烯有个同样不起眼的（和意外的）开始。1839年，德国药剂师爱德华·西蒙正在试图蒸馏一种被称为安息香的天然树脂，并得到了一种油状物质，他把这种物质称为“苯乙烯”。在接下来的几天里，他的油状物质变稠了，自然形成了聚苯乙烯。直到1920年，另一位德国化学家赫尔曼·施陶丁格才意识到聚苯乙烯其实就是一条苯乙烯分子链。1930年，聚苯乙烯开始了商业化生产。

但是，胶木的出现夺去了这些早期发现的光彩。其被认为是第一种有用的人造塑料。比利时化学家利奥·贝克兰研究了苯酚和甲醛之间的反应，准备着手制备一种替代天然类树脂——虫胶的物质时，无意中制造出了第一种真正的塑料。1909年，贝克兰的发现正式发表；这是变革性的一举。胶木不融化、不变形、不褪色，是一种电绝缘体和绝热体，很快便被用于多个领域。20世纪30年代开始，胶木取代无线设备中的木材，使收音机突然成为普通人负担得起的产品。胶木还引发了塑料领域的一场革命：它们突然间看起来非常有趣、有用和新鲜。

胶木收音机开启了20世纪的大众传播革命。

20世纪30年代被证明是聚合物开发的转折点。继聚苯乙烯之后，1935年出现聚乙烯；1937年，华莱士·卡罗瑟斯发明了尼龙，最初将其用作丝绸的替代品。1940年，尼龙长筒袜在纽约推出时，在短短几小时内售出了400万双。

设计塑料

聚乙烯和聚丙烯（聚烯烃类）占了美国每年销售塑料的将近一半。自20世纪50年代以来，金属催化剂包括钛和钒已经被用于破坏乙烯和丙烯中碳原子之间的双键来促使链的形成（聚合）。但是，这些催化剂的作用并不精确，因而要想得到纯的塑料是比较困难的。20世纪90年代，化学家开始尝试用新型催化剂（包括新的有机金属催化剂和金属茂）进行实验，试图更好地控制塑料的设计和生产。

1953年发现的金属茂分子，由两个含五个碳原子的环，和位于两个环之间的一个带正电的金属离子组成。作为单中心催化剂，它们可以精确控制聚合反应，并可以通过对聚合物的键进行微调，来创造具有所需要性能的物质。例如，可以定制具有不同孔隙度的食品包装膜，从而满足不同食物“呼吸”的条件。金属茂还可以用于促使一般条件下不相容的单体结合。

发明之母——战争和必需品

虽然一些重要材料的发现过程是偶然的，但另一些则是为了满足人们的需求而专门去探索的结果。特别是20世纪的战争打乱了欧洲许多基本化学品的供应，促使人们寻找人造替代品。

源源不断

1910年，俄国化学家谢尔盖·列别杰夫首次造出人造橡胶，其成分主要为聚合丁二烯。在第一次世界大战期间，橡胶供应受到了威胁，因此出现了增加产量的竞赛。然而，直到1928年才实现工业生产橡胶的改善。这对第一次世界大战来说已经太晚了，但第二次世界大战成为其发挥作用的好时机。工业橡胶的原料是从谷物或

在第二次世界大战期间，用天然纤维和人造纤维制造的降落伞对战争的胜利起了至关重要的作用。

土豆中蒸馏得到的乙醇。到第二次世界大战开始时，包括日本、德国、苏联和美国在内的大国都有了生产用于轮胎的合成橡胶的工厂。盟军将德国工厂作为轰炸袭击的目标，以阻碍其车辆和飞机的生产。

同样地，尼龙和其他人造纤维的出现是为了替代供应受到威胁的丝绸。尽管尼龙的第一个用处是用于制作长筒袜和内衣，但是它很快就被引入制作第二次世界大战所需的降落伞和绳索等物品。

随之而来的问题

我们现在所熟知的作为包装和绝缘材料的发泡聚苯乙烯是1941年开发的，其98%的部分由空气组成。它最早的用途之一，是1942年为美国海岸警卫队制造六人救生筏。随着它的广泛使用，废弃的发泡聚苯乙烯很难处理，后来其成为一个相当严重的环境污染物。2017年，美国加利福尼亚州出台了一个涵盖范围广的禁令，旨在禁止于一次性产品中使用发泡聚苯乙烯。

植物和炸药

很久以前，农民就知道人畜粪便和尸体对土壤有益，并有助于农作物的生长。在世界的许多地方，人们把粪便（人体排出的废物）撒在田间，马粪也被广泛使用。在研究植物营养方面做了大量工作的德国化学家尤斯图斯·冯·李比希（见157页），指责英国从欧洲偷取了350万的骨骼用于磨成骨粉施给作物。到了19世纪后期，人们知道了肥料中的重要成分是含氮化合物。

从1820年到1860年左右，秘鲁将钦查群岛上的鸟粪（也含蝙蝠粪）出口到欧洲和美国，后者将这些鸟粪用作肥料和制造爆炸物所需的含氮化合物。当1250万吨的鸟粪被用尽时，人们必须另寻原料。结果，位于智利北部的阿塔卡马沙漠的硝酸钠沉积物取代鸟粪成为制造爆炸物的原料。而在随后发生的一场争夺该地区控制权的战争中，智利最终取胜。在接下来的几年中，智利在硝酸钠出口方面增长迅速，到1900年，这里担负着全球三分之二化肥产量的原材料。显然，这种供应最终也会消耗殆尽。

这个问题似乎对德国化学家尤为紧迫。德国的土壤贫瘠，因而需要从智利进口大量的硝酸钠。粮食安全因进口量减少而受到了威胁，但这并不是全部原因。德国化学家、诺贝尔奖得主威廉·奥斯特瓦尔德指出，氮短缺还将威胁国家安全，因为它是制造爆炸物所必需的成分。在即将到来的第一次世界大战的军备竞赛中，这种威胁是尤为致命的。

1930年，德国法本肥料生产厂利用哈伯—博斯制氨法制造肥料。

已经知道氨是一种氮的化合物，

而大气中有氮，但是从空气中固定氮的尝试却失败了。弗里茨·哈伯解决了这个问题。1905年，哈伯在研究气体热力学时，让氮气和氢气通过温度为1000℃的铁催化剂，并在此过程中得到了少量的氨。到1909年，哈伯发现，如果他把压力增加到150—200个大气压时，就可以将反应温度降低到500℃，使氨的生产更加完善。1913年，在卡尔·博斯的帮助下，该方法实现了工业化。现在，这种方法被称为“哈伯–博斯制氨法”。这使得德国可以继续生产爆炸物，并持续到第一次世界大战。但是，在进行改造并用于生产硫酸铵后，它也提供了无限量的化肥供应。现在，哈伯–博斯制氨法仍然被用于生产肥料，并供应着全球一半的使用量。

原子组装

随着功能强大的计算机的出现，以及对化学键性质和反应动力学的日益了解，设计新的化学产品已经成为非常精密的高科技过程。人类设计出的分子大多数是有机的，其中包括有着巨大产量的制药工业。化学家弄清楚了蛋白质以及其他生物分子的成分和结构后，设计出能够锁定、抑制或增强它们功能的其他分子。这些技术超出了本书的范围。然而，在标度的另一端，人们甚至可以用单一元素，仅通过控制原子的位置，就能制造出新型材料。

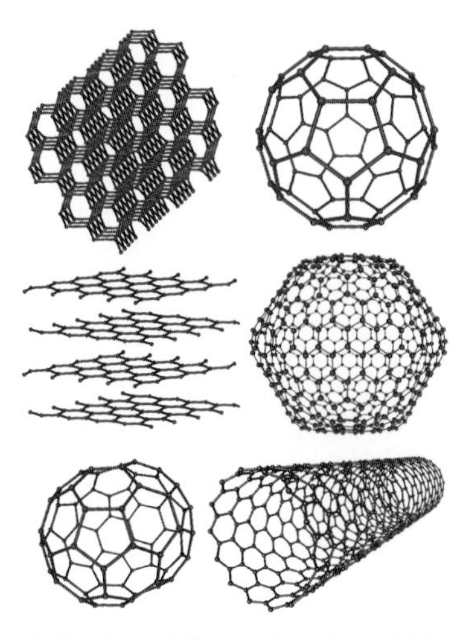

碳的同素异形体，从右上角顺时针方向依次为：巴克敏斯特富勒烯C_{60}、C_{70}、石墨烯纳米管、C_{20}、石墨烯片、金刚石。

各种形状的碳

控制原子的位置是唤起碳的同素异形体开发工作的关键。除了天然存在的石墨和金刚石

之外，球形的巴克敏斯特富勒烯、单层石墨和纳米管（被卷成管的石墨烯长条）都是通过操作碳原子形成的各种形状。1985年，理查德·斯莫利、罗伯特·柯尔和哈罗德·克罗托在美国和英国的一个联合研究项目中，首次观察到巴克敏斯特富勒烯（C_{60}）。该项目涉及用激光束蒸发碳，然后用质谱（见207页）研究产生的等离子体。他们发现产物中一直有一个含有60个碳原子的分子，推断其结构是一个空心球体，于是非正式地称其为“巴克球”。其表面由六边形和五边形组成。此外，尽管产物主要是C_{60}，但是也形成了C_{70}和C_{20}。

厚度只有单个原子大小的薄碳片——石墨烯，被认为是第一种二维材料。石墨烯的原子排列在六方晶格中，正如它们在石墨中的一样。换句话说，石墨烯就是单层石墨。尽管自1947年以来，石墨烯就一直是研究者们讨论的话题，但是在英国曼彻斯特工作的安德烈·海姆和康斯坦丁·诺沃肖洛夫首次确定了它。每周五晚上，海姆和诺沃肖洛夫都进行一次非正式会议，讨论与他们的常规工作无关的实验。有一次，他们发现能用胶带从石墨块上去除非常薄的石墨层。通过反复削薄石墨片，他们最终制成了只有一个原子厚度的石墨薄片。

石墨烯具有非凡的性能：其强度比任何其他材料都大，非常轻，是已知的最佳热和电导体。石墨烯可以被卷成直径不同的、壁厚只有单个原子大小的管——纳米

刀片的秘密

关于用大马士革钢（乌兹钢）制造的非常锋利的剑的故事有很多。刀片上有独特的旋涡图案，是中东制造的乌兹钢的一个特征。乌兹钢来自印度，大约公元前600年首次在印度制得。但自1750年以来就没再生产过乌兹钢，所用的生产方法也已经失传；重新铸造这种剑的尝试也失败了。

2006年，德国材料学家彼得·波弗勒表示，在乌兹钢中由锻造钢材的植物材料自然形成的碳纳米管是大马士革刀片独特性能的原因。这些纳米管中充满一种铁—碳化合物渗碳体（碳化铁）。

管。长径比为132000000：1的碳纳米管已经被制得。

碳革命

研究者才刚刚开始探索这些碳同素异形体的用途。巴克敏斯特富勒烯可以用作笼子，将另一个分子捕获在笼内，并具有作为运载体系的潜力。因此，其可以用于将药物直接携带到身体的目标区域，如肿瘤。纳米管形成的超强结构可以用于加固其他材料，而其超轻的特性有可能帮助我们制造出超薄、超轻、半透明的电子器件。石墨烯膜可制成过滤器以提供清洁水，或用于海水淡化技术以从海水中收集饮用水。

展望未来

如今，化学与许多其他科学密切相关，包括生物学、药理学、医学、材料科学、物理学、地质学以及天文学。其关注的核心——鉴别、理解与合成化学品——是普遍存在的。在未来的几十年，我们期待在纳米结构、分子设计、基因工程、能量生产以及药物和食物合成方面的应用取得重大进展，而且很可能出现我们无法预见的进展。

用化学的方法解决化学问题

化学在给人类带来巨大好处的同时，也带来了巨大的问题。这其中包括污染、全球变暖、耐药微生物以及生物多样性减少。我们无法让时光倒转，但是我们可以着手利用科学来解决滥用科学带来的一些问题。

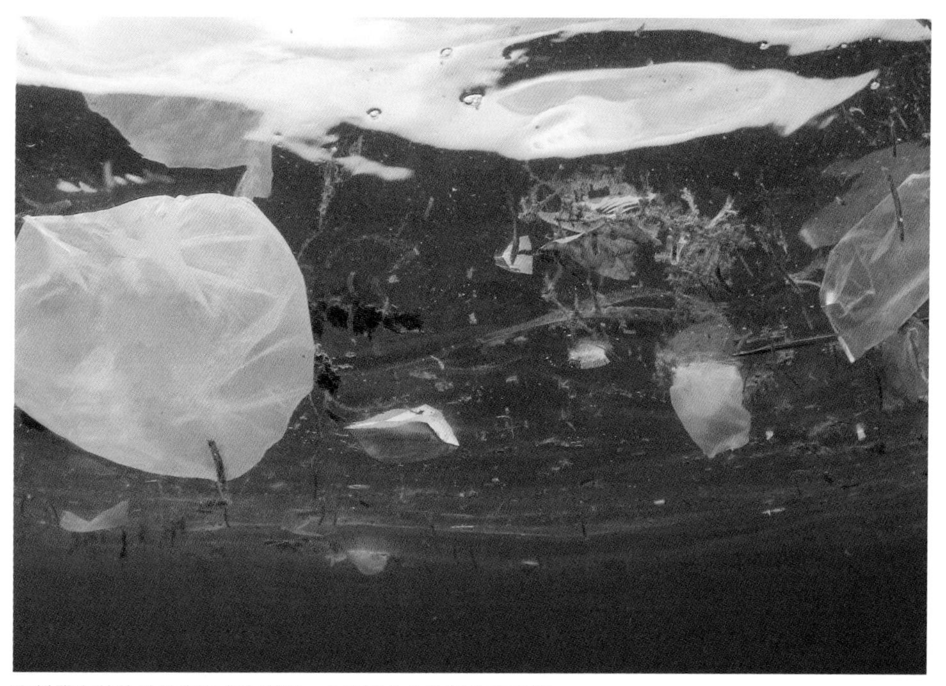

塑料袋和其他垃圾在海水中累积，危及野生生物和生态平衡。

在消化过程中，粉虫内脏中的微生物会分解发泡聚苯乙烯。科学家发现，这种蠕虫会将吃掉的聚苯乙烯中大约一半的碳转化为二氧化碳，就像它们处理其他食物一样，另一半则被排出体外。

自20世纪初以来，化学燃料的使用呈指数增长。煤炭、石油、天然气及其产品被广泛用于能源和塑料以及其他碳氢化合物类材料的制造，结果导致能源耗尽的危机。化石燃料燃烧会增加大气中二氧化碳的含量，从而导致气候变化，而生产塑料所消耗的化石碳可能需要几千年的时间才能被生物降解，这将给环境带来更多的挑战。

化学家和物理学家可以设法找到获得清洁能源的途径。一种可能的化学解决方案是，使用通过氢气和氧气化合产生能量的氢燃料电池，在这一过程中只有水这一种副产物。一些形式的污染可以利用酶来解决。虽然酶是生物体产生的物质，但现已可以大规模生产。2015年，中国北京大学的研究者在能够消化发泡聚苯乙烯的粉虫内脏中发现了一种细菌。2016年，日本京都大学的研究者发现了一种名为“Ideonella sakaiensis”的细菌，这种细菌以广泛用于食品容器的一种塑料聚对苯二甲酸乙二酯（PET）为食。研究者分离出了它产生的酶，并制得了更多的酶，还成功地利用这种酶在实验室分解了PET。

以史为鉴

历史上文明的每次伟大进步都离不开化学知识。事后看来，我们也应该努力在利用化学的时候谨慎一些。无疑，未来我们会取得更多的进展，也希望我们可以更加明智地利用好它们。

注释

1.奥古斯特·凯库勒（1829—1896），德国有机化学家，率先描述了苯的结构式。

2.约翰·沃尔夫冈·冯·歌德（1749—1832），德国著名思想家、作家、科学家，代表作有《少年维特的烦恼》《浮士德》等。

3.特兰西瓦尼亚地区：位于罗马尼亚。

4.狄奥斯科里迪斯，生卒年不详，希腊外科医生，在药理学、植物学方面颇有建树。

5.盖乌斯·普林尼·塞孔都斯（约23—79），世称老普林尼，罗马作家，十分博学，代表作有《自然史》等。

6.化合价的一种。化合价是化学术语，即一种元素的一个原子与其他元素的原子构成的化学键的数量。

7.米利都学派：米利都是希腊的一座城邦，先后出了很多的思想家、哲学家。"希腊七贤"之一的泰勒斯就出生于此，并在此地传授自己的哲学思想和科学知识，形成了自己的学派，即米利都学派。

8.杰弗雷·乔叟（1343—1400），英国小说家、诗人。主要作品有小说集《坎特伯雷故事集》。

9.哈里发：哈里发制度是伊斯兰教历史上的一种政治制度，是历史上伊斯兰国家的首脑领导制度。担任国家政治、军事、司法、宗教首脑的人物称为哈里发，这样的国家被称为哈里发国家。（此段文字摘自杨占武、王臻编著，《伊斯兰知识问答》，宁夏人民出版社，2013.5）

10.佛兰德斯：位于西欧，其由今比利时西部、法国北部和荷兰南部部分区域组成，属于法国伯爵的领地。

11.莱布尼兹于1684年发表了一篇关于微分的论文，并确立了微分概念和微分符号。1686年，他又发表了一篇关于积分的论文，讨论了微分和积分的关系，并建立了积分符号。几乎在同一时期，甚至更早的时候，牛顿也阐述了微积分的概念，但直至1704年他才给出了完整的叙述。现代观点认为，两人的成果是独立完成的，不存在剽窃问题。

12.约瑟夫·拉格朗日（1736—1813），法籍意大利裔数学家、物理学家。

图片来源

阿拉米图片社（Alamy Stock Photo）：3页下（古代艺术与建筑，Ancient Art and Architecture），96，144页左（环球影像集团北美洲有限责任公司， Universal Images Group North America LLC），190（世界历史档案馆，World History Archive）

Bridgeman images：24，28，29，39，43，47，48，54，70，82，88，156页下。

Diomedia：51页（科学引擎/纽约公共图书馆图片集，Science Source/New York Public Library Picture Collection）。

盖帝图像（Getty Images）：前言4，57页（Super Stock RM），72页（De Agostini），78，106，140，147页（Bettmann Archive），152页（The LIFE Picture Collection），169页（ullstein bild），181页（AFP），185页（The Print Collector/Heritage-Images），186—187页（Bloomberg），200页（Corbis），218页（Corbis），222页（Popperfoto Creative），223页（ullstein bild）。

Mary Evans Picture Library：1页（Interfoto/Sammlung Rauch），18—19页（Interfoto/Bildarchiv Hansmann），52—53页（Photo Researchers），68—69页（Photo Researchers），78页上（Photo Researchers）。

NASA：107，148页。

Sandbh：142页。

Science & Society Picture Library/Science Museum，London：8，26，37， 42，122，138，210页下，217页上。

Science Photo Library：94页（Sheila Terry），131，136页（Charles D. Winters），174页（Sheila Terry），204页上，209页下（Ramon Andrade 3Dciencia），211页。

Shutterstock：前言1，前言2，2，3页上和中间，9页下，10，12，14，21页

上，34页两张，41，62，77，81，90–91页，92页两张，99，105，116，117，118，128，129，133，144页右，154–155页，156页上，160，166页两张，170，177，180，182，184，193，195，196，197，199，202，204页下，213，214–215页，219页上，202，225，227，228。

US National Library of Medicine：63页。

University of Oregon：212页。

Wellcome Library，London：44，58，61，64，80，95页下，98，100，101，102，104，110，111页两张，119，126，130，135，145，158，161，164，171，175页两张，179，188，189，191，192，194，201，206，209页上，216页（Macroscopic Solutions）。

Wikimedia/Swetapadma07：11页。

第40页下，168页右上，208页上和左下，217页下的插图出自戴维·伍道夫（David Woodroffe）。